ねこはすごい

山根明弘

朝日文庫

本書は二〇一六年二月、朝日新書として刊行されたものに
一部加筆修正した文庫版です。

はじめに

日本人は世界有数の「ねこ好き」国民といわれています。街のなかで、ごくあたり前のように「ねこのキャラクター」や「ねこグッズ」を目にするのは、どうやら日本特有の光景のようです。外国人から見ると多くの驚きがあるそうです。

わたしが昔、ノラねこの研究をしていた福岡県の相島《あいのしま》へは、最近の「ねこブーム」の影響もあって、たくさんの人がノラねこに会いに訪れます。若い女性のグループもいれば、カップルもいます。ねこ大好き家族や、動物カメラマンまで。そのなかで、近年よく見るのは外国人です。日本への観光の目的のひとつが国内に点在する「猫島めぐり」という人もいました。

2014年、わたしのもとを訪ねてきたドイツ人の若い男女は、日本に数カ月滞在しながら、全国の「ねこスポット」をめぐっているとのことでした。彼らの来日の目的は、日本人とねことの深い関係、そして日本の「ねこ文化」をテーマとした映画の撮影でした。作品はドイツの映画祭に出品するそうです。

ねこ好きの外国人が口をそろえていうのは、日本は「ねこ文化大国」で、日本人ほどねこ好きな民族は他に存在しないということです。具体的には、日本のどんな大都市でも、路地に足を一歩踏み入れれば、そこにはあたり前のようにノラねこが暮らしている。さらに、街には「ねこ」がデザインされた服や小物を身につけた子供や女性があふれ、店に入れば何かしらの「ねこグッズ」が売られていて、書店などではねこの写真集のコーナーまである。このような光景に、海外からの旅行者は驚き、特にねこ好きの外国人は興奮するそうです。少なくとも、こんなねこまみれの光景は、ヨーロッパではあり得ないことなのだと。

日本人にとっては、ごくごく日常的でありふれたことであっても、海外の人の目には、とてもユニークで、そしてクールに(カッコよく)映るものがあります。彼らの熱狂的な反応によって、わたしたちは少し戸惑いながらも、自国の文化や習慣のユニークさや素晴らしさに、あらためて気づかされることも珍しくありません。たとえば、寿司や蕎麦などの和食、日本の伝統文化や職人の技、最近のものではマンガやアニメ、ファッションなどがそれにあたります。そして、日本人とねことの深い関係も間違いなくそのひとつのようです。恥ずかしながらわたし自身も、外国人の熱狂ぶりによって、そのことを再認識させられました。

日本人とねことの関係の始まりは、いまから1400年ほど前の飛鳥時代（最近の研究からは弥生時代の可能性も）の頃までさかのぼるといわれています。中国からの、ありがたい仏教の教典をネズミから守るため、教典とセットでねこが持ち込まれたとの説もあります。農耕民族である日本人にとって、ねこはとても役に立つ動物でした。いうまでもなく、瑞穂《みずほ》の国の日本では、米は食と生活、そして文化の原点です。その大切な米を食い荒らすネズミは、日本人の天敵といっても過言ではないでしょう。そんなネズミを次々と退治してくれるねこの登場は、当時の人々にとっては、少しおおげさかもしれませんが、救世主（メシア）が現れたようなものだったのかもしれません。米だけでなく、絹糸を生産する養蚕業にとっても、ねこは必要不可欠な存在でした。絹を吐くカイコやカイコがつくる繭《まゆ》をネズミから守るために、一昔前までは、養蚕の盛んな土地ではたくさんのねこが飼われていました。ねこが足りなくて、ねこを描いた絵を壁に貼って、ネズミ除《よ》けにした時代もあったくらいです。

さらに、四方を海に囲まれた島国日本は、古《いにしえ》より漁業が盛んな国でもあります。

昔の船は、「板子《いたご》一枚下は地獄」といわれる木造船でした。船をかじるネズミは、漁師の生活どころか、命さえも奪いかねません。漁村においても、ネズミを退治するねこは、当然のことながら重宝され、船の守り神として大切にされてきました。わたしたちがねこを特別な動物として大切にする習慣は、農業や漁業を生業とする日本人の生活特性と深く結びついています。日本人がねこ好き民族である理由は、第一にこのあたりにあるように思います。

ねこにとっても、日本人とともに暮らす生活は、十分に快適なものでした。湿気の多い気候にあわせてつくられた、昔の日本の木造家屋には、ねこが自由に出入りできる隙間がたくさんあり、軒下や天井裏など、ねこが出産したり、身を隠したりする場所もたくさんあります。さらに、食べ物に関しても、海辺の漁師町では魚のアラや雑魚などのエサが豊富にあります。海が近くになくとも、農村地帯の家屋のまわりには自然がたくさん残っており、野ネズミや野鳥、トカゲなどの天然のエサも豊富にあります。ねこにとってほとんど栄養にもならない、麦飯にみそ汁をかけただけの「ねこまんま」しか飼い主から与えられないとしても、家のなかにはネズミもいますし、外に出ればエサとなる小動物たちがたくさんいました。自然に恵まれた日本の環境は、ねこにとっても随分と暮らしやすいものであったようです。

このような双方の利益の一致から、ねことわたしたち日本人は、お互いにかけがえのないパートナーとして長年一緒に暮らしてきました。この蜜月関係は、ねこがネズミを捕るという役割をほぼ終えてしまった現在も、少しずつ形を変えながら続いています。

しかし、これほどまで身近な動物でありながら、わたしたちはねこに秘められた素晴らしい能力について、つまり「ねこのすごさ」について、知っているようで、実はあまり知らないことも多いのではないでしょうか。それもそのはず、家のなかにいるねこは、ご飯を食べている時と、遊んでいる時以外は、ほとんど一日中寝て過ごしています。普段の生活態度を見ている限りでは、ねこは、なんとも気ままで、お気楽な生き物なのだろうと思われても仕方がありません（そこがまた、ねこの魅力ではありますが）。しかし、遊びに興じている飼いねこのちょっとしたしぐさのなかに、あるいは街のなかで、高い塀に軽々と登ってしまうノラねこの姿を目撃して、さらにはネットで話題になった、身を挺《てい》して大型犬から飼い主の子供を守る勇ましい行動に、ねこの底知れぬ能力を、「ねこのすごさ」のほんの一部を見て、びっくりすることはないでしょうか？

実は、ねこの身体能力や感覚器の鋭さは、いまから約1万年前の、野生のヤマネコだった時代から、ほとんど失われていません。獲物に音も立てずに忍び寄り、射程圏内に入れば、一気に飛びかかって瞬時に獲物の息の根を止めてしまう。そんな凄《すさ》まじい野生のハンターの身体能力をそのまま持ち続けた動物と、わたしたちはひとつ屋根の下で一緒に暮らしています。いわば、ねこの大きさにした獰猛《どうもう》なトラやライオンと、一緒に暮らしているようなものです。

しかし、一緒に暮らしていても、そのようなすごい身体能力を、ねこたちはなかなかわたしたちに見せてはくれません。それは、人間に知られないようにわざと「ツメを隠している」のではなく、人間と暮らす快適な生活のなかではそんな能力を使う必要がないからです。日々、自分に正直に生きているねこは、生きていくうえで不必要なことは決してしません。この本では、このように秘められた、ねこの潜在能力について、紹介してゆくつもりです。みなさんは、ねこのすごい能力を知って、きっと驚かれることでしょう。そして、そんなすごい動物と、同じ家のなかに、あるいは同じ街のなかで、一緒に暮らしていることを知って、興奮し、そして嬉しくなってくるかもしれません。

この本は私の前著『ねこの秘密』(文春新書)と内容が少し重なる部分もありますが、新たなトピックスを加えるなどして、前著とはまた少し違った視点から「ねこのすごさ」をみなさんに知っていただこうと思っております。

ねこは本来、ネズミを捕るという能力が高く評価されて、人間に大切にされてきました。しかし、日本をはじめ多くの先進国では、次第にその役割を終えようとしています。それでもなお、人はねこと暮らし続けています。その理由は、ねこを飼ったことのある方にはいわずもがなですが、ねこと一緒にいることで、人々は心が癒され、日々の生活に潤いや張り合いが生まれるからです。特にストレスの多いといわれる現代社会では、心を癒してくれるねこの役割が、今後もますます注目されると思います。「ねこカフェ」が、都市部を中心に人気を集めるのもそのような理由からなのでしょう。さらに、この癒しの効果は、ねこを家で飼ったり、「ねこカフェ」などで、かわいいねことのふれ合いによって得られるにとどまりません。漁師町や山里、そして都会で、たくましく生きるノラねこの素の姿をとらえた写真集がよく売れていることからも明らかなように、気ままなねこの生き方を眺めるだけでも、人々は癒しを得ています。何物にも縛られない、自由気ままなノラねこの姿を見て、なにかと集団で行動することの多いわたしたちは、そんな生き方に憧れ、つかの間の自由な生き方を疑似体験しているのではないでしょうか。この本では、現在のストレス社会に疲れた人々の心を癒し、元気にしてくれるねこの「すごい」力についても紹介したいと思います。

昔からわたしたちは、ねこと深い関係を持ち続けている一方で、最近では、この関係も現代社会の持つ負の影響を受けつつあることも確かです。具体的には、ねこの殺処分です。日本では、年間に2万7000匹超のねこが、人間の手によって殺処分されている事実(環境省ウェブサイトによる、2021年)を、みなさんはご存知でしょうか？　それに加えて、ブリーダーやペットショップなどの販売業者の流通過程で、6486匹(2018年度)ものねこが死亡しています(『朝日新聞』2020年6月25日夕刊)。世界有数のねこ好き民族、ねこの文化大国と、海外の人たちからもてはやされているわたしたちが、このような問題を抱えたままでは、やはりよくないと思います。この本の第4章では、日本人とねこの蜜月関係を、江戸時代の招き猫や浮世絵などのねこ文化についても振り返りながら、もう一度見直してみようと思います。これをヒントに、今後わたしたちは、同じ社会のなかで、ねことどのように共存し、ともに暮らしてゆけばよいのか、さまざまな新しい試みについても紹介しながら、考えてゆこうと思います。

ねこはすごい　目次

第3章 ねこの「治癒力」

第5章 人とねこの共存社会に向けて

写真（特に断りのないもの）／朝日新聞社、朝日新聞出版
イラスト／枝常暢子

ねこはすごい

第1章　ねこはつよい

ねこは「つよい」生き物

家のなかで飼われているねこたちは、飼い主からエサを十分に与えられ、普段は安穏と暮らしています。エサを食べる時と、遊ぶ時を除いては、家のなかの一番気持ちのいい場所に陣取って、日がな一日、寝転んで過ごしています。仕事に勉学に家事や子育てと、毎日を忙しく過ごされている多くのみなさんにとっては、ねこの生活はなんとも羨ましく思えて仕方がないのではないでしょうか。

このようにねこは一見、姿やしぐさが「かわいい」だけの、気ままで少しお気楽な生き物のようにも見えます。そもそも、ねこを飼っている方もそんなに多くのことをねこには望んでいないと思います。かわいいまま健康で長生きしてくれて、あとは家具や壁でのツメとぎをやめてくれればいうことなし、でしょうか。

しかし、ねこの本来の姿は、生きた動物を自ら殺して食べて生き延びる、優れた能力を持ったハンターです。その肉食獣としての能力は、もとの野生種のリビアヤマネコと比べても、ほとんど劣ることはありません。人類はもともと、ねこのネズミを捕るという、人間生活にも役立つ能力を高く評価して、いまから約1万年前に一緒に暮らす生活を始めました。しかし、家のなかでネズミの姿を見かけることが、ほとんどなくなってしまった現在では、ねこの本来のハンターとしての勇姿を、目撃する機会も少なくなってきました。一緒に暮らしていながらも、ねこに秘められた、本当の「つよさ」や「すごさ」を知らないままでいるのは、飼い主にとっても、ねこにとっても残念で、そしてもったいないことだとは思いませんか？　この章では、ねこの「すごさ」のなかでも、特に「つよさ」に注目してみようと思います。

ねこは最強にして究極のハンター

獲物を襲って仕留める肉食獣であるねこは、獲物となる動物よりも、「つよく」なければ生きてゆけません。しかも、群れで狩りをする「いぬ」のように、メンバー全員の力を結集して、1匹の獲物を仕留めるのではなく、ねこはたった1匹の力で、獲物を仕留めなくてはなりません。つまり独りで獲物を探して、獲物を見つければ独自に作戦を立て、単独で獲物を襲い、獲物が反撃に転じる前に息の根を止めなくてはなりません。そして、狩りに失敗すれば、そのツケはすべて自分自身に跳ね返ってきます。このようにねこは、獲物を見つけてから仕留めるまでの狩りのすべてのプロセスを、何物の力も借りずに、たった1匹で完璧にこなせるように進化してきた、最強にして究極のハンターなのです。

この章では、「ねこ」もその一員である究極のハンターたちのグループ、つまりトラやライオンやチーターといった「ネコ科の動物」たちに共通する、狩りの仕方についてお話しします。「ねこ」は、身体はあまり大きくないかもしれませんが、名だたるネコ科動物のラインナップからも、全くひけをとることのない優秀なハンターです。

次に、ねこが「すごい」ハンターであることを可能にする身体の「つよさ」について、人間にはとてもまねのできない底知れぬ身体能力、そして、それを生み出す、つよくてしなやかな身体のつくり、さらにねこの最大の武器である鋭い牙とツメ、獲物から肉片を切断するハサミのような歯についてお話しします。また、この章の後半では、ねこの狩りにおける力の「つよさ」だけでなく、子ねこを産み育てる、母親としての「つよさ」についてもお話ししようと思います。

「ネコ科」動物としての狩りの能力

ネコ科動物の狩りの特徴は、時間をかけて獲物にじりじりと忍び寄る「静」の状態から、脱兎のごとく獲物めがけて飛びかかる「動」の状態に劇的にスイッチし、一瞬で獲物を仕留めることです。この一連の狩りの様子を、動物を扱ったテレビ番組などで、ご覧になった方も多いのではないでしょうか? アフリカの大平原に棲むライオンが、獲物に最後の一撃を加える瞬間をとらえた、動物写真家の岩合光昭《いわごうみつあき》氏によるドラマティックな写真は、ネコ科動物のハンターとしての「すごさ」を何よりも物語っています(岩合氏は「ねこ」撮りカメラマンとして巷《ちまた》では有名ですが、実は野生動物の素顔をとらえた写真が、写真誌の最高峰『ナショナルジオグラフィック』の表紙を何度も飾った、世界的なカメラマンです)。

世界にはおよそ40種ものネコ科の動物が生息しています。よく名前が知られているものでは、ネコ科で最大の身体の大きさを誇るトラ。百獣の王とも称され、オスのたてがみが立派なライオン。地上最速のスプリンターのチーター。木登りが得意で、樹上から獲物を襲うヒョウ。生息数がわずか100頭ほどといわれている、イリオモテヤマネコ。そして、あまり名前が知られていませんが、ちょっと変わったネコとしては、魚を捕ることからフィッシングキャットとも呼ばれる、スナドリネコ。毛が長く、まるで仙人のような顔つきをしたマヌルネコ。まだまだ他にもたくさんいます。

世界中のさまざまな場所に生息しているネコ科の動物たちは、身体の大きさや形、毛皮の模様などはもちろんのこと、生き方もその生息環境にあわせて多様に進化させてきました。身体の大きさでは、体重が300キログラムを超えることもあるトラから、最大でも3キロ足らずのクロアシネコまで、およそ100倍もの違いがあります。また、群れをつくらず単独で生活するのが、ネコ科動物の生き方の基本ではありますが、ライオンのように「プライド」という、家族のような群れで生活するものもいます。このライオンのような群れとはいかないまでも、実はノラねこなども場合によっては、血のつながったメスが集まってグループをつくることが知られています。狩りに関しても、獲物を超高速で追いかけるチーターや、何匹かで協力しながら狩りを行うライオンのように、ネコ科の動物としては少し例外的なハンティングを行うものもいます。

しかし、多少の違いはあるにしても、「ねこ」も含めてネコ科動物に共通している「狩り」は、冒頭で述べたような「しのび寄り型」あるいは、「待ち伏せ型」のハンティングです。つまり、探索中に獲物を見つければ、あるいは待ち伏せ中に獲物が近くに現れれば、相手に気づかれないように、伏せるように姿勢を低くして、ゆっくりゆっくりと忍び寄り、徐々に獲物との距離を詰めてゆきます。そして、射程圏内に入れれば、相手の隙をついて、一気に飛びかかるという戦法です。

飼いねこも「ハンティング行動」をする？

このハンティング行動に模した動作を、家のなかで「ねこ」と遊んでいる時などにも見ることができます。特に、ねこが遊びたい気分の時に、ねこじゃらしなどを獲物に見立てて動かしてやると、まさに「しのび寄り」ながらターゲットに近づき、飛びつきます。また、家のなかを移動していると、いきなり物陰からねこが飛びかかってきて、足に抱きつかれたことはありませんか？　これはねこが、飼い主であるみなさんを待ち伏せて、人の足を獲物に模したターゲットにしているのです。人の足音が近づくのを聞きながら、次第に姿勢を低くして、カッと見開いた目の眼球を小刻みに動かす、いまにも飛びかかろうとするねこの興奮した顔つきなどは、まさに野生のねこそのものです。家のなかにいながら、ねこの野生の一面を垣間みることのできる瞬間でもあります。

野生のネコ科の動物は、獲物にしのび寄り、あるいは待ち伏せによって、すぐそばまで近づくことに成功すれば、隙をみて獲物に飛びかかり、それまで隠していた鋭いツメを出し、両方の前肢で獲物の首のあたりをガッチリと抱きかかえます。そして、それとほぼ同時に、獲物の首に嚙みつき、頸椎《けいつい》の骨と骨の間に鋭い牙(ねこなのに「犬歯」と呼ばれていますが)を差し込み、瞬時に脊髄を切断し獲物を絶命させます。この瞬殺の早業を可能にするのが、ネコ科動物の抱きつく力と鋭いツメそしてナイフのような牙です。獲物の身体をしっかり固定することによって、急所である頸椎の骨と骨のわずかな隙間をめがけて、牙による正確な一撃を加えることができます。

このような、進化によって磨かれた、究極のハンターとしての能力を、みなさんのまわりの「ねこ」も、家畜化の過程で全く失うことなく、現在も持ち続けています。普段は、寝てばかりのねこの姿からは、このような「すごい」能力が秘められていることを、なかなか想像できないのではないでしょうか。しかし、同じ「ねこ」でも、無人島や、山林近くに棲むノラねこなどは、本来のハンターとしての生活を送ります。野ネズミや野鳥、昆虫などの小動物が、彼らの主要なエサとなり、生きるために毎日狩りを行います。また、飼いねこであっても、何らかの事情でノラねこになってしまったり、あるいは自らの意思によって安穏たる生活を捨てて、野生の生活に戻ったりするねこもいます。わたしがノラねこの研究をしていた相島でも、飼い主と家、そして快適な生活を捨ててまで、島の山林でのハンターとしての生き方を選んだねこもいました。このような野生に戻った「ねこ」の目つきは、人間さえ襲いかねないような、野生のネコ科動物の鋭い目つきと何ら変わりがありません。ほとんどの「ねこ」は、状況さえ許せば、いつでも野生のハンターに戻ることのできる、潜在的にすごい能力を持った、最も家畜らしくない家畜なのかもしれません。

次の項では、このような狩りを可能にする「ねこ」の身体能力の「つよさ」について、お話ししようと思います。

驚くべき身体能力

ねこの身体の「つよさ」を挙げるとすれば、一にも二にもその瞬発力です。この瞬発力は筋肉のつよさだけでなく、身体のしなやかさ(柔軟性)も密接に関係しています。これらのポテンシャルは、祖先であるリビアヤマネコの狩りによって磨かれ、進化してきたものです。ねこはその能力を、ほぼそのままの形でいまに受け継いでいます。

ねこの瞬発力、つまり爆発的なパワーが発揮されるのは、獲物が射程圏内に入ったあと、獲物を捕らえるまでのわずかな時間です。獲物がねらわれていることに気づいて逃避行動に入ろうとするなか、どれだけ短時間に最高速に達して、相手との距離をゼロにできるかが、狩りの成功のカギを握っています。そのスタートダッシュの主役は、後肢の爆発的な瞬発力です。ねこの後肢の筋肉は、非常につよい力を出すことのできる「白筋《はっきん》」というタイプのものが主で、人間の短距離走の選手、スプリンターも同様です。しかし、「白筋」の弱点は、その爆発的な力が持続できないことです。野生のねこでも、スタートダッシュのタイミングを逸して、獲物との距離がなかなか縮まらないと、すぐに諦めてしまうのは、そのためです。決して怠け者というわけではなく、パワーが維持できないからです。ねことねこじゃらしで遊んでいても、しばらくすると突然興味をなくして、どこかへ行ってしまうのは、よくいわれるようなねこの飽きっぽい性格というだけでなく、激しい動きにすぐに疲れてしまうからなのです。

ねこは時速50キロメートルで走る

この「白筋」という強靭《きょうじん》な筋肉に加えて、ねこが驚異的な瞬発力を生み出すことのできる、もうひとつの要因は、柔らかく、そしてしなやかな身体です。特に背骨の関節はとても柔らかく、反り返ってU字のように背骨を曲げて寝ているかと思えば、起きてあくびをする時など、今度は逆に背骨をアーチ状に曲げます。わたしたち人間のように、柔軟体操やヨガで苦労して背骨を前後に曲げるのではなく、ねこは日常の普通の動作で、背骨を背と腹の両方向に、自由自在に曲げながら生活しています。この背骨の柔軟性のおかげで狩りの時に、瞬発力を生み出すことができます。地上最速のスプリンターであるチーターは、獲物を追いかける時に背骨を背側と腹側に、水泳のバタフライのように繰り返し曲げることによって、ストライドを7~8メートルと大きく伸ばし、最高速度時速100キロメートルを超える走りを可能にしています。このことから、チーターは背骨で走るともいわれています。他のネコ科動物も、チーターほどではありませんが、背骨の柔軟性を上手に使うことによって、後肢の脚力を最大限に活かした驚異的な瞬発力を生み出します。

ねこが走る時の最高速度は時速50キロ程度といわれています。チーターの最高速度の半分程度ではありますが、チーターの体長の半分にも満たないねこが、そのような速度で走れるのは、すごいことです。人間の100メートル走の世界最高記録は、ウサイン・ボルトによる9秒58(2016年2月時点)ですから、時速に換算すると、約37キロメートルでしょうか。ねこと比べて随分と身体の大きな人間は、走る速さでもとてもねこに及ぶことができません。もちろん、最高速を維持できるのはわずか数秒とはいわれていますが、それでも、このような驚くべき身体能力を持った動物と、わたしたちは同じ家や街のなかで暮らしています。

こうした事実を知ると、ねこを見る目がこれまでと少し変わってきませんか?

ねこは1・5メートル跳ぶ

ねこは、身体の高さの5倍くらいの高さ(約1・5メートル)の場所に、助走なしで飛び乗ることができます。人間にあてはめてみると、ねこのように四つん這いになった状態での人間の体高を60センチメートル程度とすれば、助走なしで3メートルの高さまで飛び上がることになります。どんなアスリートでも、これは不可能です。さらにねこは、手足のツメを使うことによって、人間の身長よりもはるかに高い塀などにも、瞬時に登ることができます。街に棲むノラねこが、危険が迫った時などに軽々と、高い塀を越えていくのをご覧になったことがある方も多いと思います。これも強靭な後肢の筋肉と、むちのようにしなやかな背骨、そして手足のツメの絶妙なコンビネーションがなせる業です。

関節がとても柔らかいねこの背骨は、180度以上、身体をよじることもできます。人間でいえば、正面を向きながら、つま先は完全に後ろ向きのような姿勢をとることが、楽々と可能です。ねこが高いところから背中から落ちた時に、瞬時に体勢をたてなおして、脚から地面に着地できるのは、柔軟性に富んだ背骨をよじって身体の上下を素早く変えることができるからです。狩りにおいても、逃げ惑う獲物に、アクロバティックな姿勢で組みつくことができるのも、この背骨の柔軟性のおかげです。

ねこが木に登れる理由は？

ノラねこなどは、木に登って野鳥を捕まえることがあります。ねこが木に登れるのは、もちろん、鋭いツメのおかげでもあるのですが、もうひとつ、前肢を使って木に抱きつくことができるからです。「ねこ」とことあるごとに比較される「いぬ」は、木に登ることができません。それは、木に抱きつくことができないからです。いぬの前肢は、前方と後方にしか動きません。つまり、いぬにとっての前肢は主に歩行するためのものです。一方、ねこは前肢を前後だけでなく、内側や外側にも自由に動かすことができ、これが抱きつくという動きを可能にしています。この動作も、ネコ科の狩りの特性にあわせて、進化してきた能力です。捕まえた獲物にしっかり抱きつくのは、逃さないようにするためでもありますが、そ

前肢を使って木に抱きつくねこ

れだけではありません。牙で脊椎を切断する際に、正確な一撃を与えるためにも、獲物の首にツメを立てた前肢でしっかりと抱きついて、獲物を固定する必要があるからです。子ねこなどが人間とじゃれついて遊ぶ時、わたしたちの手や足に、多少ツメを立てながら抱きつき、甘嚙みすることがよくあります。これは獲物にとどめを刺すための殺しの訓練を、わたしたち飼い主を獲物にみたてて練習しているのです。

一方、集団で狩りを行うオオカミなどのイヌ科の動物は、群れのメンバーと連携しながら獲物を追跡し、追い込んでゆきます。執拗な追跡によって、獲物が疲れてきたところを、何度も嚙みついて、出血させて、獲物を徐々に弱らせてゆきます。そして最後に、動けなくなったところを、集団で取り囲んで嚙みついて獲物を仕留めます。イヌ科の動物の狩りには、ネコ科の動物のような瞬発力はあまり必要なく、長距離ランナーのような持久力が必要です。従って、イヌ科動物の四肢は、疲れにくい筋肉である「赤筋《せっきん》」の割合が高くなります。また、集団で取り囲んで時間をかけて仕留めるために、瞬殺のハンターのねこのような獲物にがっちりと抱きつく力も、あまり必要ではありません。「いぬ」と「ねこ」の狩りに必要な身体能力は、それぞれのハンティング方法の特徴に応じて特化しています。しかし、いぬは集団で狩りをするのに対して、ねこは狩りをするための能力を、一匹ですべて持っていることを考えれば、身体能力のポテンシャルは、「ねこ」のほうが断然すぐれていると考えてもよいでしょう。いってみれば、困難な任務をすべて一人で遂行するスナイパー「ゴルゴ13」と同等、あるいはそれ以上の能力を、「ねこ」は持っているといってもよいのではないでしょうか。

ねこの牙

わたしの家には、「ニャーコ」というメスの黒ねこがいます。まだ、1歳そこそこの、やんちゃ盛りのねこです。一日のうちに何度かはハンティングモードに入り、その時には家のなかを駆け回り、階段を全速力で上ったり下りたりと、それは激しく暴れ回ります。テーブルの下などで、体勢を低くして、目を大きく見開いた興奮状態で、誰かが通るのを待ち伏せしている時もあります。運悪く、風呂上がりのわたしなどが、素足をむき出しのまま近くを通り過ぎようものなら、足を獲物とみたてて、襲われてしまいます。ツメを出したままふくらはぎに抱きつかれて、甘噛みにしては痛いほど噛まれることが時々あります。ニャーコの首につけている鈴の音が、足下から聞こえたと思った時には、すでに噛みつかれています。いつも一緒に寝ている大好きな(?)わたしを傷つけようなどとは、みじんも思っていないのでしょうが、ハンティングモード全開で、興奮している時には、どうにも止まらないようです。これは、野生の肉食獣と同等の能力を持っているハンターと、ひとつ屋根の下に一緒に暮らしていることを実感する瞬間でもあります。もし、これが実戦であれば、わたしは間違いなく大けがをしているでしょう。このような必殺の、牙とツメと、狩りの本能は、ねこが1万年前の人類と出会い、家畜となったいまでもなおフルセットで持ち続けています。

ねこの歯はどんな構造？

みなさんは、ねこの歯は何本かご存知でしょうか？　実は、ねこは歯の本数が極端に少ないことでも有名です。上あごと下あごをあわせて、30本の歯しかありません。他のネコ科動物も同様で多くても30本、カラカルやオオヤマネコなどは、それよりもまだ少ない28本です。ネコ科動物に最も近いといわれているジャコウネコやマングースでさえ、34〜40本あります。いぬはさらに多く42本です。肉食獣のなかで、ねこの歯の本数が特に少ないのには理由があります。ネコ科動物のように、一撃必殺の狩りを行う動物は、とどめを刺す際に、強力な嚙む力が必要となります。嚙む力を強力にするには、骨や筋肉の構造上あごを短くする必要があります。ねこと、いぬを見比べてみると一目瞭然ですが、いぬは口先が前方に長く飛び出ていますが、ねこはそうはなっておらず、いぬと比べれば平面的な顔つきになっています。これは、あごが短いからです。あごを短くして噛む力を強くしたのとひきかえに、あごに並ぶ歯の本数が少なくなったと考えられています。

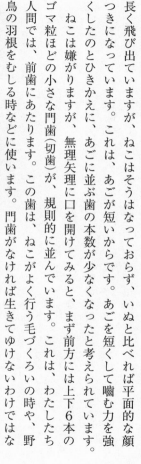

ねこは嫌がりますが、無理矢理に口を開けてみると、まず前方には上下6本のゴマ粒ほどの小さな門歯(切歯)が、規則的に並んでいます。これは、わたしたち人間では、前歯にあたります。この歯は、ねこがよく行う毛づくろいの時や、野鳥の羽根をむしる時などに使います。門歯がなければ生きてゆけないわけではないようで、老齢のねこなどは、何本かよく抜け落ちています。

ねこの犬歯

特に、ノラねこなどは、生活環境が厳しいからでしょうか、5、6歳のねこでも、門歯の何本かはない場合がほとんどですし、全部の門歯が抜けてしまっている老齢のノラねこも珍しくありません。

その門歯を両側から挟むように生えているのが犬歯です。上下あわせて4本の犬歯がねこには生えています。「ねこ」なのに、なぜ犬歯なのかという違和感はありますが、他の獣でも人間でも哺乳類であればすべての動物で、それにあたる歯は、犬歯(canine tooth)と呼ばれています。人間の犬歯は、別名「糸切り歯」とも呼ばれていて、裁縫の時などに糸を噛み切るなど、ハサミやペンチのようにも使える、便利な歯です。昔の人類は、犬歯を使って、生活に必要なさまざまな道具などをつくっていたのでしょう。しかし、いまのような便利な世のなかでは、犬歯はなくても、人はそれほど生活に困ることはないと思います。

ねこの歯はナイフとハサミ

ねこにとっての犬歯(牙)は、獲物を仕留めるためのなくてはならない武器です。鋭い錐のように先端が尖っていて細長いのは、獲物の頸椎の隙間に牙を突き刺して、瞬時に脊髄を切断するためです。この牙の根元には、牙にかかる圧力を感じる受容器が集中していて、牙の先の感覚をたよりに頸椎の骨と骨の間を探りあてたり、牙を差し入れる位置の微調整を行ったりするともいわれています。

このように、牙がねこにとって必殺の武器なのであれば、もっと大きくて長い牙を持っていたほうが、獲物を仕留める時により都合がよいのでは？　と思われるかもしれません。いまから約1万年前まで、アメリカ大陸にはスミロドンと呼ばれる、体長が2メートルにもなるネコ科動物が生息していました。大きさはオスのライオンくらいでしょうか。特徴として、上あごの犬歯の長さが、20センチにも達する、非常に大きくて長い牙を持った動物でした。しかし、その牙の使い方は、現生のネコ科動物とは少し異なり、獲物の喉などの柔らかい部分を切り裂いて、獲物を仕留めたと考えられています。長すぎる牙は、骨などの硬い部分に突き刺さったまま抜けなくなったり、噛みついたまま獲物が暴れると、折れてしまったりする危険性があります。また長い牙は口のなかに納まりきらずに、大部分が口から外に出たままです。獲物を捕らえたとしても、牙が口から大きく飛び出した状態では、エサも食べにくかったと考えられます。スミロドンの絶滅は、この長すぎる牙が原因なのかどうかはわかっていませんが、同時代の同じ地域に、ライバルとして生息していたと思われる、牙がそれほど長くないジャガーや

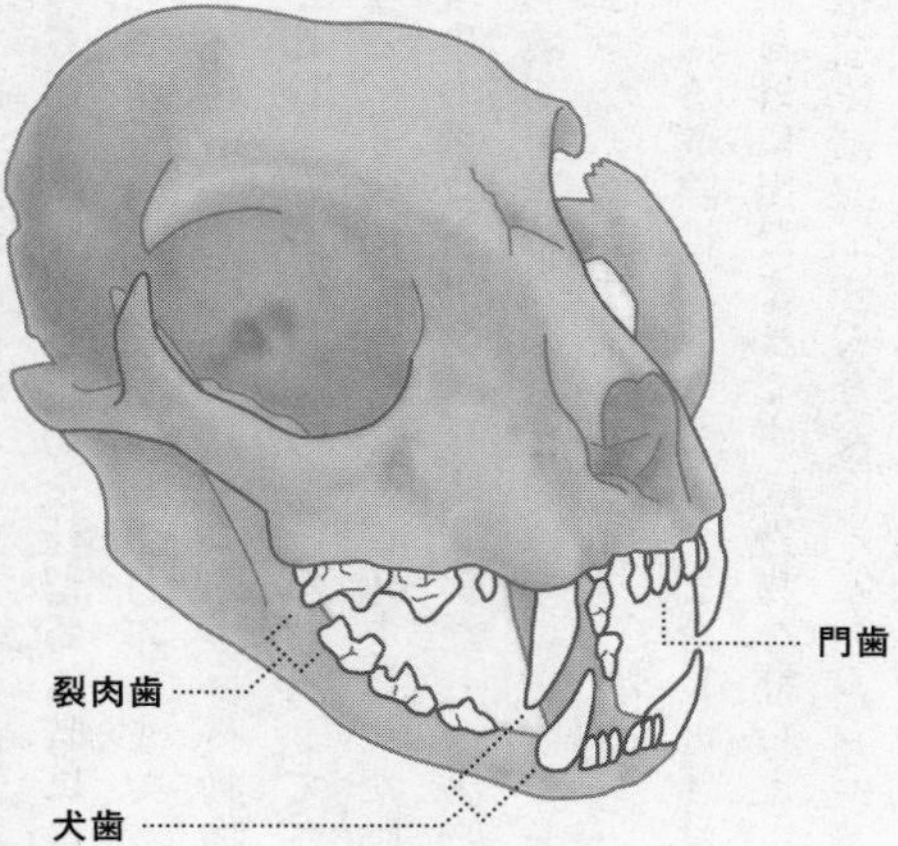

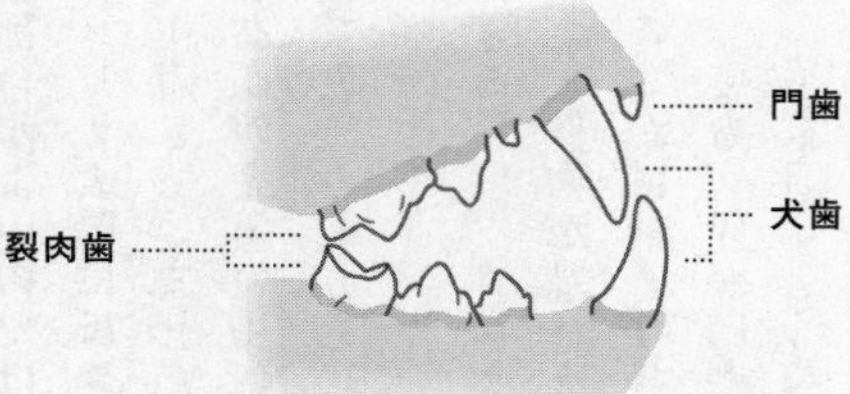

ねこのアゴと歯の構造

ピューマの祖先は生き残り、牙の長いスミロドンは絶滅してしまいました。このことから、牙が長ければ長いほどよいというのは、ネコ科動物にとっては、必ずしも正しくないようです。わたしたちの身近にいる「ねこ」の牙は、祖先のリビアヤマネコにとってちょうどよい長さのものを、そのまま受け継いでいると考えられます。

さて、われわれ人間は、食べ物を嚙み切る時には、前歯とも呼ばれる切歯を使います。一方、ねこが、獲物から肉を嚙み切る時には、切歯ではなく、牙(犬歯)よりも奥にある、裂肉歯《れつにくし》と呼ばれる、まるでハサミのような歯を使います(44ページの図)。その歯は、人間の奥歯のように臼のような形状ではなく、切り立った山脈のような形状をしています。この薄く鋭い歯は、上あごと下あごの一番奥にあり、両者を嚙みあわせる時に、ほとんど隙間なくすれ違います。つまり、ハサミでものを切る時のような動きをします。この裂肉歯によって、ねこは一口大の肉を獲物から切り取り、口のなかに入れてそのまま飲み込みます。生の肉は、とても消化されやすいため、ねこは口のなかの肉片を、クチャクチャと嚙んでさらに細かくする必要はありません。ねこに少し大きめの肉や魚の肉片を与えた時に、首を横に傾けて、口の端のほうで嚙んでいる姿をご覧になったことがある方もいると思います。これは、ねこが裂肉歯を使って、飲み込める大きさの肉片を、肉の塊から嚙み切ろうとしているところなのです。

一方、草食獣は、植物質の非常に硬くて消化しにくいものを多量に食べるため、かじりとった草などを、臼のような臼歯《きゅうし》(奥歯)で時間をかけてすりつぶさなくてはなりません。一度飲み込んで胃に入れた食べ物を、口のなかに吐き戻して、再度臼歯ですりつぶす、「反芻《はんすう》」を行う牛などの動物もいます。わたしたち人間も、口に入れた食べ物をよく嚙んで、胃や腸で消化しやすいような大きさにして飲み込みます。人間や草食獣にとっての歯の主な役割は、食べたものを咀嚼《そしゃく》することです。

繰り返しになりますが、ねこにとっての歯の主な役割は、口のなかで食べ物を咀嚼することではなく、犬歯で獲物を殺すことと、裂肉歯で殺した獲物から肉片を切り取るという2つの機能に特化しています。このようにわたしたちとねこは一緒に暮らしながらも、歯のことひとつをとってみても、こんなにも大きく違います。

ねこのツメ

ねこを飼っている方なら、そのねこがどんなにおとなしくとも、どんなに飼い主さんのことが好きであったとしても、ねこのツメで痛い目にあったことがない人はいないはずです。ツメはねこにとって、牙と並ぶ大事な武器です。ねこは前肢に5本（左右で10本）、後肢に4本（左右で8本）のツメを持っています（49ページの図）。普段はツメを引っ込めていますが、ねこじゃらしなどのおもちゃに飛びかかる時や、高いところによじ登ろうとする時、そしてツメ研ぎをする時に、ねこは鋭く尖ったツメを出します。また、膝などに乗ってきて、飼い主に甘える時に、目を細めながら左右の前肢を交互に押しつけてくることがありますが、この時にもよくツメが出ています。わたしたちが、ねこのツメの鋭さを実感させられるのは、遊びが次第にエスカレートして、手足に抱きつかれて、鋭いツメ先が肌に食い込んだ時です。もちろん、ねこをものすごく怒らせるか、怖がらせるかしてしまい、ツメで攻撃された時には、その威力のすごさを、否応なく知ることとなります。

ねこのツメはカッターナイフ

ねこの、このような鋭いツメは、ツメ研ぎによって保たれています。研ぐといっても、わたしたちが切れなくなった刃物を砥石で研ぐように、ツメの先端を削っているのではありません。ねこのツメ先は、何層にも重なっていて、先端の層がはがれ落ちると、次の尖ったツメ先が顔を出します。ねこはツメ研ぎによって、古いツメ先の層を離脱させて、新しく尖ったツメ先に更新しているのです。これはまるで、切れなくなったカッターの刃の先端を、ポキリと折ることによって、切れ味を保つのによく似ています。日本で発明されたカッターナイフは、瞬く間に世界に広がった大ヒット商品なのですが、ねこのツメはもっと以前からねこの身体に備わっていた、発明家も顔負けのすごい刃物なのです。しかし、ねこがそのツメ研ぎをどこで行うかが、一緒にすむ人間にとっての日常的な心配事であり、ねこ飼いの永遠の課題でもあります。

ねこはツメを引っ込めたまま歩きます。それは、ツメを出したまま歩くと、ツ

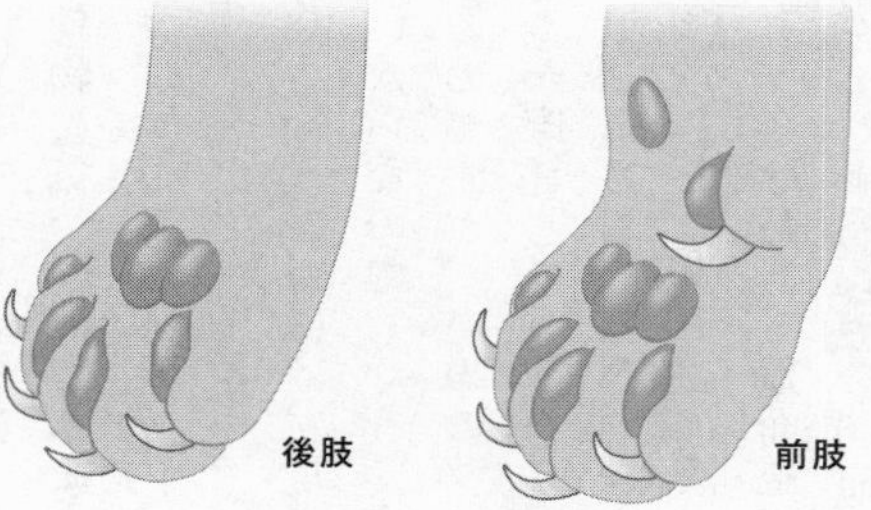

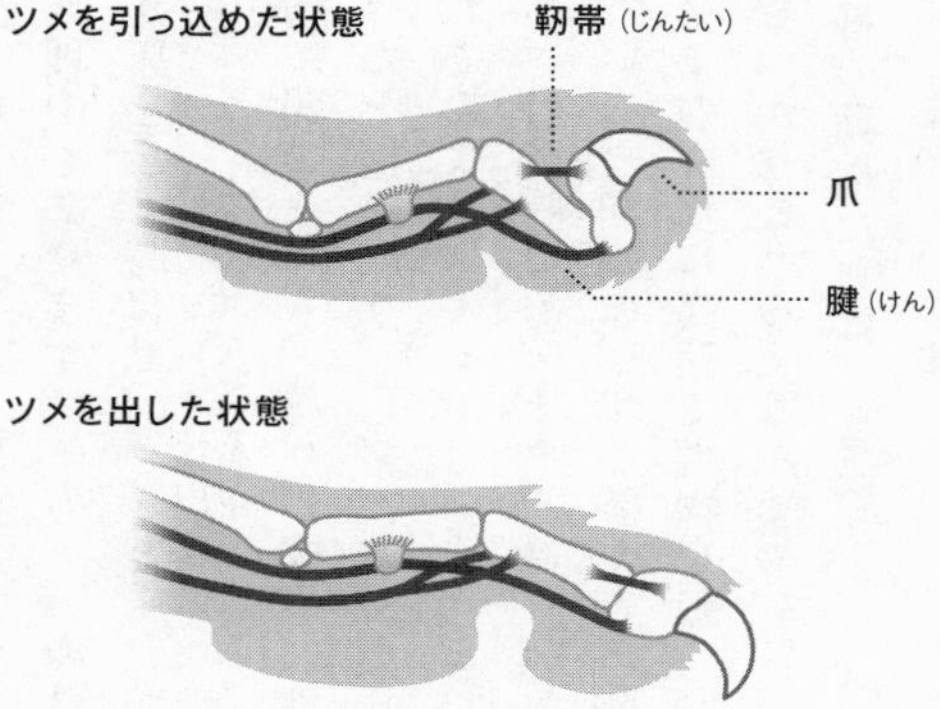

ねこのツメの生え方と出し入れのしくみ

メ先が地面にあたって摩耗し、ツメの鋭さが保てないからです。その他にも、忍び寄り型の狩りを行うネコは、ツメを出したまま歩くと、硬いツメが地面にあたる音で、獲物に気づかれてしまうという理由もあります。一方、いぬは常にツメを出したままの状態です。室内犬などが床を歩く時には、ツメと床とが接触して「カチカチ」といった結構大きな音がします。どこまでも獲物を追いかける、追跡型の狩りを行ういぬには、足音が獲物に聞こえても、狩りの成果にはそれほど関係がないからなのでしょう。また、いぬを抱いたり、一緒に遊んだりしている時にわかるのですが、いぬのツメは、ねこのように尖ってはいません。地面に擦れて、先端が摩耗しているからです。ネコ科動物でもチーターは、例外的にツメを完全に引っ込めることができません。いぬと同様に、歩く時や走る時にもツメが出た状態のままです。これは、チーターのように高速で獲物を追いかける動物にとって、ツメはむしろ地面を四肢がしっかりととらえるための、スパイクのような役割を果たすからです。他のネコ科の動物たちは、普段からツメを隠して、獲物にとどめを刺すその瞬間まで大事にしまっています。

ノラねこのツメ痕《あと》はコミュニケーションの手段

家で飼われているねこがツメを使うのは、狩りを模して遊ぶ時が多いのですが、ノラねこなどは、自分の存在を相手にアピールするコミュニケーションの、ひとつの手段としても使います。特にオスのノラねこに見られることですが、後肢で立ち上がり、背伸びをするような格好で、木製の壁や柱にツメ痕を残そうとします。ねこの指の間には、ニオイを出す臭腺がありますので、ツメ痕と同時に自分のニオイもそこに残すことができます。これによって、そのエリアが自分の縄張りであることと、自分の体の大きさを、侵入してきたオスねこにアピールすることができるといわれています。背伸びをして、より高いところにツメ痕をつけるのは、相手に自分が大きなノラねこであると思わせて、侵入を思いとどまらせる効果があるからなのでしょう。もちろん、身体の小さな若いオスがツメ痕をつけても、相手にナメられるだけなので、そのような若いオスは、このようなツメ痕を残しません。

ノラねこにとってのツメは、エサとなるネズミや野鳥などの小動物を捕まえたり、ツメ痕によって縄張りを主張したりする以外に、もうひとつ別の場面でも使われます。それは、ノラねこ同士のケンカです。オスのノラねこは、発情期の近づく秋頃から、次第に攻撃的になってゆきます。道で出会っても、普段なら、お互いに避け合っていたオス同士も、脅して相手を追いやるようになります。この時期には、身体の大きなオスなどは、自分の活動エリアを拡げて、他のグループへの遠征も始めます。そして、発情期直前の秋の終わり頃、オス同士のケンカが見られるようになります。力の拮抗したオス同士が道などで出会うと、双方がすごい形相で顔をつきあわせて、交互に数秒間ずつ、威勢のよい大きな声で鳴き合います。この「鳴き合い」を観察していると、最初はどちらも自信たっぷりなのですが、次第にどちらか一方の声に勢いがなくなり、そのうち全く鳴かなくなります。そして、勢いのなくなったオスはゆっくりと、身体の向きを変えて去ってゆきます。これで勝負はつきました。勝ったほうのオスは、去ってゆくオスを追いかけて攻撃することはありません。去ってゆく様子をじっとにらみつけているだけです。このようなお互いを傷つけ合わない「鳴き合い」によるケンカは、通常は数分、長ければ数十分も続くことがあります。

まれに、この「鳴き合い」のケンカから、牙とツメで互いを激しく傷つけ合う本当のケンカに発展することがあります。鳴き合いの途中に、どちらかが極度に興奮して、いきなり飛びかかることによって、このケンカは始まります。牙をむき出して噛みつき、手足のすべてのツメを出して相手を引っ掻き、地面を転げ回りながら戦う激しいものです。近くで観察しているわたし自身も、巻き込まれてけがをするのではと、心配になるほどでした。特に、強力な脚力を持つ後肢からツメを出した状態で繰り出される「ねこキック」は、凄まじい威力で、あたりに毛が飛び散ります。狩りで獲物を殺すための牙とツメを使った激しいケンカは、勝ったほうも負けたほうも、無傷で済むことはあり得ません。相手を殺すまでには至りませんが、耳の一部がちぎれたり、顔や手足に深い裂傷を負ったりする場合もあります。このけががもとで、その後にやってくる発情期を全く棒にふってしまう場合もあります。牙やツメを使ったケンカは、お互いが傷を負うことが必至でどちらにとってもあまり利益がないと思われます。オスたちは、このようなケンカに至る前の「鳴き合い」――つまり、お互いの自信や気迫を示し合う、ある種の度胸比べによって、より平和的に決着をつけるようにしているのではないでしょうか。動物の社会では、狩りや防御のための強力な武器を持つ動物ほど、お互いを激しく傷つけあうことを避ける「鳴き合い」のようなメカニズムが進化しているようです。オオカミの闘争などでも、相手の急所は狙わずに牙をぶつけ合い、相手が降参してお腹を見せれば、勝者は本能的にそれ以上の攻撃ができなくなります。また、草食獣であるシカの仲間も闘争時には、相手の急所である腹を角で突き刺したりはせず、角同士をぶつけることによって、決着をつけます。

母ねこは最強？

人間を含む一部の霊長類、それにキツネやタヌキなどは例外として、哺乳類のほとんどは、父親が子育てに参加しません。ねこを含めた多くの哺乳類は、母親は1ミリメートルにも満たない、とても小さな受精卵から胎児として成長するまで、自分のお腹のなかで子供を大切に育てます。また出産後の赤ちゃんも、基本的に母親のみで授乳や世話を行い離乳させます。ここまで子供を育てるのに使った栄養やエネルギーは、すべて母親の身体から絞り出されたものです。一方、離乳までに父親が提供したものはといえば、顕微鏡でも使わないと見えないような小さな精子をひとつだけです。子育てに関していえばオスとメスでは、あまりに不平等といえば不平等なのですが、オスはそのかわりに、メスをめぐって激しくオス同士で争います。その争いに多大なエネルギーを使うことで、メスとオスの苦労は、うまい具合につり合っているのかもしれません。

家に飼われているねこは、飼い主から十分なエサを与えられますので、妊娠か

寄り添って歩く母ねこと子ねこ

ら離乳まで、栄養面を含めて何不自由なく過ごすことができます。しかし、ノラねこの場合は違います。わたしが相島で観察していたノラねこの母親たちが必死で子育てをする姿は、わたしに大きな衝撃を与えました。それまでは、単なる研究対象であった動物が、わたしにとって心から尊敬できる存在へと変わってゆきました。

寒さの厳しい1～3月の発情期に、交尾をして妊娠したノラねこのメスは、お腹がどんどん大きくなってゆきます。それにともなって、胎児は母親の身体から加速度的に栄養を吸収してゆきます。この栄養をまかなうために、母ねこはより多くのエサを求めて、いつもよりも頻繁に動き回ります。妊娠後期、人間なら夫や家族が家事を分担して手伝ってくれるこの時期に、ノラねこのメスは大きなお腹を揺さぶりながら、いままで以上に頻繁にエサを探し求めて、1匹で歩き回ります。オスはといえば、3カ月もの発情期も終わり、交尾をめぐる激戦の疲れを癒すのでせいいっぱいなのか、メスの苦労などには全く無関心です。妊娠中のメスは、他のノラねこの縄張りや、時には人家に侵入したりしながらエサをあさるなど、お腹のなかにいる子供のために、普段はやらないような危険まで冒します。そして、妊娠からちょうど2カ月後、いよいよ出産です。

母ねこに見る動物の普遍的な「つよさ」

わたしが研究を行っていた相島は、漁師さんの島でしたので、島のあらゆるところに、漁具などを入れる倉庫がたくさんありました。漁具のたくさん詰まった倉庫は、身を隠す空間がたくさんあり、また漁網などは子ねこの保温にも最適な出産床となります。メスねこは、その場所で、たった独りで出産します。しばらくは生まれたての子ねこのもとから離れずに、授乳や世話を行います。いつも動きまわっていた妊娠したノラねこの姿が突然見られなくなり、数日後に、お腹がへこんだ母親の姿を見かけるようになれば、どこかの倉庫で出産していることを意味します。母ねこは急いでエサを食べて、急ぎ足でまたすぐに、どこかへ消えてゆきます。どこで出産しているか、ほとんどの場合わかりません。母ねこは、出産場所を知られないように、とても神経質になっています。出産場所である納屋のまわりに、人や他のねこがいた場合、母ねこは警戒して子ねこのいる場所にすぐには戻ろうとしません。もし、その場所を知られてしまった場合には、翌日にはどこか別の安全な場所に子ねこたちを移動させてしまいます。これは、産まれたばかりの子ねこを、人や天敵から守るための行動です。さらに、ノラねこの社会では、オスねこによる子殺しという現象が数多く報告されています。ねこの場合、なぜオスが子殺しをするのかよくわかっていませんが、母ねこはヘビやカラス、トンビなどの天敵だけでなく、オスねこからも子ねこを守らなくてはなりません。

子ねこが成長してくると、さらにたくさんの母乳を求めます。母ねこは、充分な量の母乳を出すために、エサをたくさん食べなくてはなりません。足りない分は、自分の身体に蓄えられた脂肪からしぼり出すことになります。とはいえ、母ねこの多くはすでに出産した時点で、やせ細った状態で蓄えなどありません。お腹の皮が垂れ、乳首がむき出しの母ねこが、小走りにエサを探し回る必死の姿からは、母親の強さと、一途さを感じずにはいられません。子ねこがめでたく離乳し、漁具倉庫から出てくる頃には、母親は骨と皮だけの痩せこけた状態になっています。ここまで無事に育った子ねこたちを、目を細めながら舐めてやる母ねこの姿は力づよく、そして何よりも美しくわたしの目には映ります。発情期のオスねこに見られるような荒々しいつよさではありません。自分の身体を削りながら、独りで静かに新しい命を産み落とし、そして育て上げる、動物の母親の持つ普遍的なつよさのようなものを、ノラねこの母親はわたしに見せてくれました。どんなにつよいボスねこであっても、もとはといえば、そのような母親から生まれ、育てられたわけですから、母ねこは最強といってもいいのではないでしょうか。

少し前、飼いねこが子供を襲っている大型犬に猛然とダッシュして、体当たりをして子供を救った投稿動画が、ネットで話題となりました。そのねこは、体当たりのあと、逃げる犬を少し追いかけ、そしてすぐに引き返して怪我をした子供のもとに戻ってきました。自分よりも身体の大きな猛犬に立ち向かう勇気といい、瞬時の状況判断といい、大人の人間でもなかなかできることではありません。子供を救った「タラ」ちゃんという名前の飼いねこは、6年前にその家で飼われ始めたメスねこだそうです。そしてタラちゃんに助けられたのは、ジェレミー君という4歳の男の子だそうです。おそらく、飼い主の子供のジェレミー君を、自分の子供のように思って、日々一緒に暮らしていたのでしょう。人とねこのつながりのつよさと、メスねこの母性本能のすごさを物語る、感動的な動画でした。

オスも子ねこの面倒を見る？

先ほどは、母ねこの素晴らしい子育ての姿についてお話ししました。一方、オスねこはといえば、母ねこのように、乳を与えたりすることはできないにしても、家で飼われているオスねこなどでは、子ねこと添い寝してあげたり、舐めてあげたり、一緒に遊んであげたりなどの、「イクメン」的な顔も持っています。ネットでも少し話題になりましたが、飼い主の赤ちゃんに添い寝したり、見守ったりする、飼い主の家事負担の軽減に貢献する「イクニャン」までいるそうです。

ノラねこでは、オスねこの積極的な「イクニャン」顔を見かけることは、ほとんどありません。自分の母親や姉妹が産んだ、遊び盛りの子ねこがそばにいる場合などに、寝転びながら、目を閉じて気だるそうに尻尾を振って、それに飛びついてくる子ねこたちの相手をしてやるくらいでしょうか。しかし、それとなく子ねこにエサをゆずってやるオスねこの行動が、ノラねこの社会では見られます。相島のノラねこの研究で、このことが明らかになりました。

相島でのノラねこ研究も5年目に入った頃には、ノラねこの観察データがだいたいそろい、いよいよ博士論文をまとめる時期になりました。しばらくは、大学の研究室や実験室にこもりながらの毎日となりますので、相島にはあまり行けなくなります。その間、島のノラねこを見守ってもらうことも兼ねて、4年生に相島のノラねこを対象とした卒業研究をしてもらうことにしました。ノラねこにエサを与えて、その食べる順番を記録し、優先順位を調べるというものでした。

実験では、エサを食べる順番をわかりやすくするため、密封できる容器(プラスチック製の食品用密閉容器)に乾燥タイプのキャットフードを入れ、その容器の上に、直径9センチメートルの丸い穴を開けました。複数のねこが同時にエサを食べることができないようにするためです。そして、オス、メス、子ねこたちが複数いるグループの中心となるような場所にエサを入れた容器を置いて、食べる順番をそのそばで観察してゆきます。

野生のライオンの群れ(プライド)では、たとえそれがメスが捕らえた獲物であろうと、オスが優先的に獲物を食べ始めます。メスや子ライオンたちが食べるのは、オスが食べ終えたあとです。獲物が小さい場合には、お腹をすかせた母ライオンや子ライオンにまで獲物は回ってきません。ノラねこでも、同様のことを予想していました。ほとんどは、その予想された通りの結果でした。つまり、エサを食べる順番は、メスよりもオスが先で、また全体的に、身体の大きなねこや、年齢の高いねこほど、優先順位が高い傾向にありました。ただひとつだけ、予想と違っていたことがありました。それは、1歳未満の子ねこだけは、上記のルールにあてはまらず、身体の大きなねこや、オスねこよりも、先にエサを食べることができていたことです。ノラねこのグループは母系社会ですので、グループ内のメスねこ同士は、何らかの血縁がある親戚同士です。グループのなかで生まれた子ねこは、すべてのメスねこと親戚同士なので、優遇されても何ら不思議ではありません。しかし、オスねこの場合は、そのグループで生まれた親戚のものもいれば、よそのグループからやってきた血のつながりのないオスねこもいます。また、子ねこの父親も、同じグループにいるオスねこであるとは限りません。にもかかわらず、オスねこたちが、エサを食べる順番を子ねこにゆずるのは、普通では考えられないことです。ノラねこがグループで暮らすことによって、オスねこのふるまいも変わってきているのかもしれません。ともあれ、ノラねこのオスたちは、子ねこには全く無関心のように見えて、それとなく子ねこたちを見守ってやっている「隠れイクニャン」なのかもしれません。

(追記)

その後の相島でのノラねこの研究(2017年)で、オスによる子殺しから我が子を守る父親ねこの存在が観察とDNA解析(父子判定)により明らかになりました。母ねこが子ねこに授乳したり、エサを運ぶ直接的な子育てとは異なりますが、このようなオスが子ねこを見守る行動も、間接的な子育て行動と言ってもよいのではないでしょうか。ノラねこの社会においては、初めての発見となりました。

第2章

ねこの「感覚力」

第1章では、「つよさ」という視点から、ねこの筋肉や骨の構造、牙やツメの秘密、そして母親の子育てについて説明してきました。この章では、ねこの優れた感覚力についてお話しします。

人間と同様に、ねこの感覚器の主たるもののほとんどは、顔の前面についています。ねこのかわいさの象徴でもある大きくまん丸の目、三角のピンと上に伸びた大きくて薄い耳、顔のほぼ中央に位置する小さな鼻、そしてどんなにユニークなねこの絵にも必ず口のまわりには描かれている、左右に伸びた長いヒゲ。これらすべて、ねこにとっては、生きるうえでとても重要な感覚器です。そしてこのどれもが、人間の感覚をはるかに超えた能力で、まわりの状況を感知します。ねこの感覚器のすごさがわかると、同居しているわたしたち人間が、どれほど鈍感で、たよりない生き物であるかを、否応なく認めざるを得なくなってしまいます。それと同時に、そんなすごいセンサーを持った生き物と、一緒に暮らすことのできる喜びを感じずにはいられません。

ねこは暗闇なんてへっちゃら

誰もが知っていることですが、ねこは夜が得意な夜行性の動物です。人間にはほとんど何も見えないような、電気を消した真っ暗な部屋のなかでも、ねこは平然と動き回り、階段でさえも昼間と同じように、踏み違えることもなく上り下りします。

ねこは、人間がものを見ることができる限界の約6分の1の光量でも、ものが見えるといわれています。このような暗視を可能にしているのが、夜行性のハンターとして、特殊に進化した目の構造です。少し詳しくみてみましょう。

まず、眼球の大きさについてですが、ねこの眼球が頭の骨(頭骨)に占める割合はかなり大きく、昼行性のいぬなどに比べるとその差は歴然としています(68ページの図)。人間の眼球の直径は25ミリメートル、ねこは22ミリメートルといわれています。ねこと人間の身体の大きさから単純に比較しても、相対的にねこがどれほど大きな目を持っているのかが、おわかりいただけると思います。また、眼

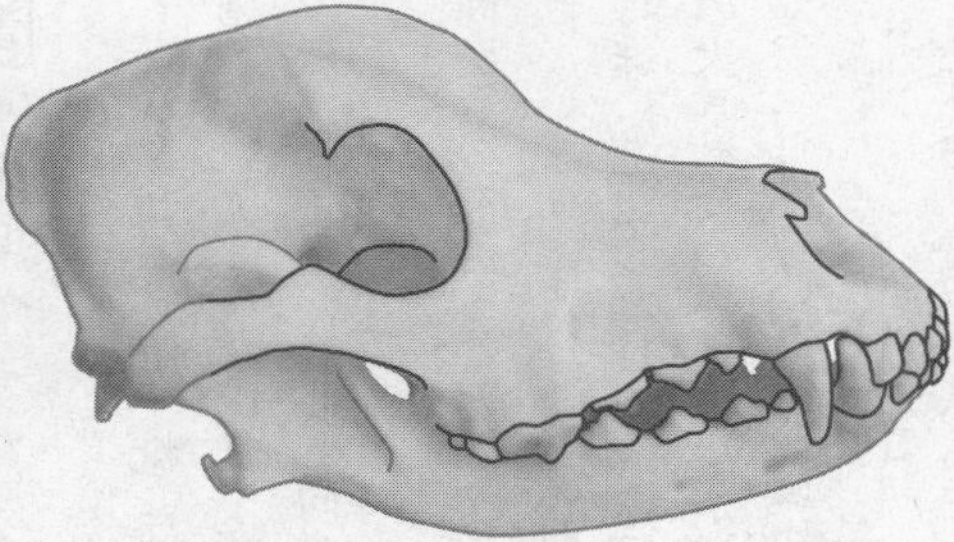

いぬの頭骨

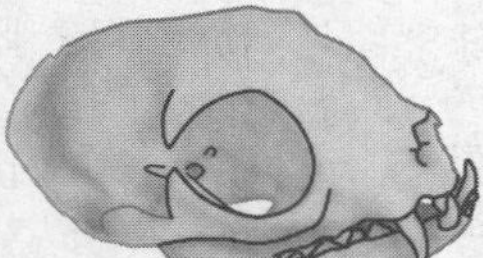

ねこの頭骨

ねこ（下）といぬ（上）の頭骨を比較

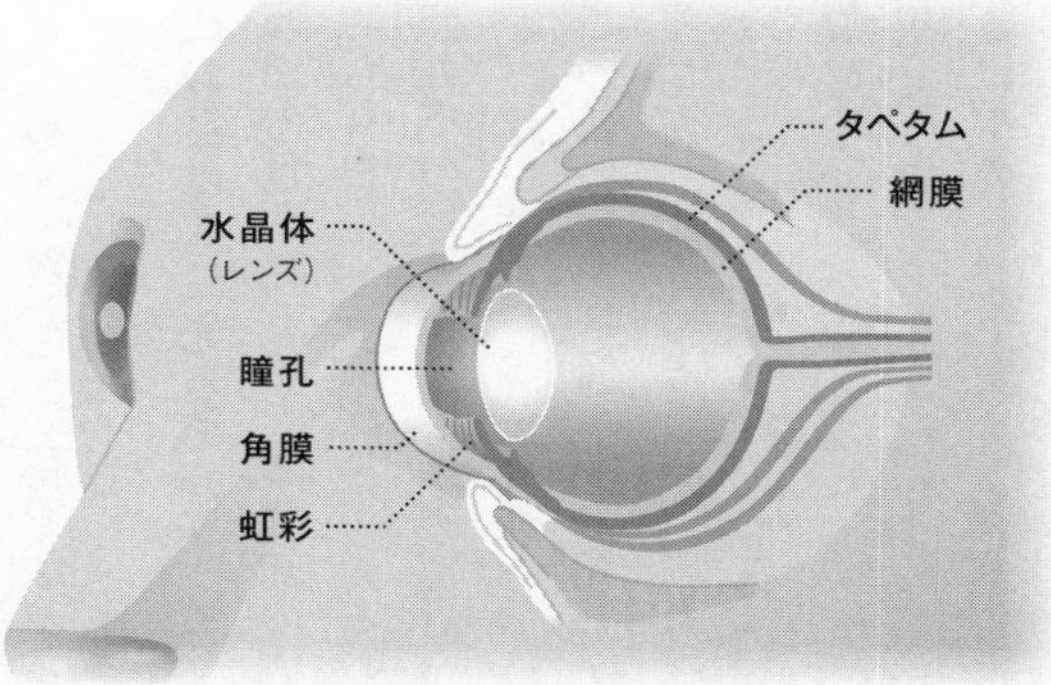

ねこの眼球の断面図

球に光を取り入れる瞳孔も、ねこは、かなり大きく拡げることができます。わたしは瞳（瞳孔）がまん丸に大きく開いた夜のねこの表情を見ると、愛おしくて思わず抱きしめたくなるのですが、これは人間を惹きつけるために、ねこに備わったものではなく、夜行性の動物として生きるために進化したものです。ねこの瞳孔は、最大直径14ミリメートルまで拡げることができるといわれています。人間は最大が8ミリメートルですので、単純に面積を計算しても3倍もの光を目のなかに取り入れることができます。これだけでも、ねこの目はすごいと思うのですが、ねこが暗闇でも目が見える理由は、それだけではありません。眼球の内部の構造にも、まだまだ驚くべきすごい秘密が隠されています。

ねこの目はなぜ光るのか?

ねこの目が光るのをご存知の方は多いと思います。暗い部屋のなかでも、ねこがこちらを見ていれば目が光るので、そこにねこがいることがわかります。また、夜間の車の運転中や、懐中電灯を持っての夜の住宅街の散歩中に出会ったねこの目が、緑や黄色、青色に輝いているのを見たことはないでしょうか? まるで、ねこの目のなかに何らかの光源があって、目から光を発しているかのようにも見えますが、実際はそうではありません。ねこの眼球の奥の、網膜層のさらに後ろには、「タペタム(輝板)」と呼ばれる反射板のような特殊な組織の層があります(69ページの図)。そのタペタムに、目の外から入ってきた光が反射されて目の外に出るので、あたかもねこの目が発光しているかのように見えるのです。特に、ねこに車のヘッドライトや懐中電灯の光をあてた時には、強い光を反射しますので、明るく輝いて見えます。

では、なぜねこの眼球の内部に、そのような反射板が必要なのでしょうか？
その理由をひとことでいえば、ねこの目に入ってきたわずかな光を増幅させて、その信号を脳に送るためです。外界から瞳孔とレンズを通って眼球の内部に入ってきた光は、奥にある網膜層を通過します。この光の通過により網膜層の細胞が刺激され、その信号が神経を通じて脳に伝えられ、ものが見えることになります。タペタムは、網膜層のすぐ後ろ(奥)にあり、網膜を最初に通過した光が反射して、今度は逆方向から、もう一度網膜を通過することによって、再び細胞を刺激します。これにより、わずかな光でも、網膜の細胞が2度も刺激されるため、暗闇でもものが見えやすくなります。

話は少し脱線しますが、人間でも、夜のパーティなどでストロボ撮影をすると、写真では人の目が赤色に光って写る場合がよくあります。これは「赤目現象」といわれていて、眼球の奥の血管や赤い血液の色が、強いストロボ光に照らされて、写真に写るものです。ねこのようなタペタムがないにしても、目に入った光のうちのほんの一部、特に赤色の波長の光が反射して、目の外に出ています。電車や教室のなかで、ふと背後に人目を感じて振り向いてみたら、誰かが自分のことを見つめていた、という経験はないでしょうか？　もしかすると、背後の人の目から反射される、わずかな赤色の光や赤外線を背中で感じたからかもしれません。人間の第六感のようなものでしょうか。もし、これが本当なら、少なくともコミュニケーションという点から見れば、人間もねこに勝るとも劣らないすごい能力を持っていることになります。

夜行性動物として進化したねこの目

話をねこの目の秘密に戻しましょう。背骨を持った動物（脊椎動物）の網膜には、光を感知する細胞が、大きく分けて2種類存在しています。難しい漢字を書きますが、ひとつは桿体《かんたい》細胞と呼ばれる、明暗を感じる細胞です。そしてもうひとつは錐体《すいたい》細胞と呼ばれる、色を感じる細胞です。この錐体細胞は、どの色を主に感じるかでいくつかの種類に分けられますが、ここでは詳しくはお話ししません。この2種類の細胞、桿体細胞も錐体細胞も、棒切れのような細長い構造をしています。この2種類の細胞が絨毯《じゅうたん》の毛のように縦にぎっしりと並んで、網膜を形づくっています。網膜という限られた面積の膜の上で、桿体細胞の割合を増やせば、暗いところでものが見えるようにはなりますが、反対に錐体細胞の割合が低くなりますので、色の識別がしにくくなります。逆に錐体細胞の割合を増やせば、色はよく見えるようになりますが、暗いところではものが見えにくくなります。動物たちの、2種類の細胞の割合は、それぞれが棲む環境や生活特性によって異なります。夜行性のねこは、当然のことながら、明るさを感知する桿体細胞の割合が多くなっていますし、上空から赤く熟れた木の実などを探して飛び回る鳥では、錐体細胞の割合が高くなります。そして、本来は夜に活動することのないわたしたち人類は、桿体細胞の密度はねこの3分の1程度です。

ねこは、暗闇でものが見えるように進化した一方で、色の識別が困難になりました。鳥やサルのように、日中に草原や森林などの緑一色の環境のなかで、黄色や赤色の熟れた果実を見つけ出す動物にとって、色の識別能力は大変に重要ですが、夜間に獲物を狙うねこにとっては、色を識別する能力は、あまり必要ではありません。このように、ねこの目は、その大きさから、眼球のなかのさまざまな構造に至るまで、夜行性のハンターとしての生き方に特化した進化をとげてきました。

ねこの視力

暗闇では、わたしたち人間よりも驚くほどものが見えるねこであっても、視力自体はあまりよくはありません。一般的には、人間の視力の10分の1程度ともいわれています。ねこが近いものがはっきりと見えるのは25センチくらいまでで、15センチより近いものはあまり見えていないようです。また、少し遠いものでは、数メートル先のものは目の焦点も合い、比較的よく見えるようですが、20メートル以上離れた動かないものに対しては、あまり認識できないようです。ただ、この見える範囲も、家のなかで育てられた飼いねこと、外にいるノラねことでは、多少違ってくるようで、ノラねこのほうが遠いものがよく見えるようです。外の生活のほうが危険が多いからでしょうか。

ねこもわたしたち人間も、目のなかに水晶体というレンズがあります。そのレンズの厚さを変えることにより、見ようとしている対象物までの焦点をあわせて、よりはっきり見ようとします。近いところを見るときはレンズを厚くして、遠いところを見るときはレンズを薄くして、目の奥の網膜にはっきりとした像が映るように調節します。夜行性のねこは、暗闇のなかでも目のなかにより多くの光を取り入れるように、瞳孔（瞳）が大きく開く目を進化させてきました。それにあわせて、眼球の大きさの割には、非常に大きなレンズを持たざるを得なくなりました。大きいレンズでは厚さを変えてピントをあわせるのに、どうしても時間がかかってしまいます。また、大きくて少し硬いレンズは、人間ほど自由自在に厚さを変えて、遠近広範囲のものを見ることができません。それを多少なりとも補うために、カメラのように、レンズそのものの位置を眼球のなかで動かして、ピントをあわせようとします。特に、近いものを見る時には、レンズを眼球の前面に動かしますので、瞳孔が盛り上がって見えることもあります。

目に限ったことではありませんが、生き物の身体では、何かある能力を特殊に進化させれば、そのかわりに別の能力を失ってしまう、いわゆるトレードオフの関係がよく見られます。暗闇でもへっちゃらな目を進化させたねこは、それとひきかえに、視力を犠牲にしたことになります。

ねこはなぜ色をあまり認識できないのか？

前の項でも述べましたが、ねこは色もあまり認識できません。それは、暗いところでも目が見えるように、網膜上の桿体細胞の割合を増やしたぶん、色を識別できる錐体細胞の割合を減らしたからです。1ミリメートル四方の網膜上に、人間は14万6千個もの錐体細胞があるのに対して、ねこはその5分の1程度の2万6千個しかありません。さらに、人間の錐体細胞は3種類あり、それぞれが赤(Red)、緑(Green)、青(Blue)の波長の光に反応し、脳に色を伝えます。いわゆるRGBの3原色を認識でき、脳のなかではそれを組みあわせた色鮮やかな世界が「見える」ことになります。しかし、ねこの場合は、3原色のなかの「赤」が欠如しています。そのため、光が十分にある場所でも、赤色のない世界しか見えていないのです。ねこといえば肉食獣、血に染まった肉を食べる動物にもかかわらず、意外にも赤色が見えていません。人間なら、レアステーキの赤色がなんとも食欲をそそるのですが、嗅覚の発達したねこの場合、視覚ではなく、肉や血のニオイで食欲を感じているのでしょう。スーパーのペットフードのコーナーに並べられた赤色に着色されたキャットフードは、人間の購買意欲をそそるかもしれませんが、ねこにとっては色など、どうでもいいことなのです。

わたしたち人間は3原色が見えるといっても、実は、他の脊椎動物である魚類や、両生類、爬虫類、そして鳥類に比べて、色覚の面では非常に劣っています。彼らは3原色ではなく、基本的に4原色です。われわれと同じものを見ていても、実は随分と違った、色彩あふれる世界を見ているはずです。万物の霊長などといって、驕《おご》っていてはいけませんね。霊長類の一部を除くほとんどの哺乳類は、ねこと同様に、色を認識する錐体細胞が少なく、しかも赤色に反応する錐体細胞を持っていません。母乳を出したり、胎児を母親の身体のなかで育てるなどの、他の動物にはないさまざまな能力を、進化の過程で獲得している哺乳類が、なぜ、色を見る能力だけが他の脊椎動物に比べて劣っているのでしょうか？ 哺乳類が地球上に現れた当時は、恐竜が全盛の時代でした。恐竜が活動する昼間を避けて、夜間にこそこそと活動していたと考えられています。夜が中心の生活では、色が見える必要はありません。それよりも重要なのは、ねこと同様、暗いところでもものが見える能力です。このような理由から、わたしたち哺乳類の祖先は、生きるのに不必要な、色が見える能力をほとんど失い、緑と青しか識別できなくなったといわれています。

その後、人間などの霊長類の祖先は、果実などを食べる生活を始め、緑一色の密林のなかから、黄色や赤色に熟れた果実を見つける能力が必要となりました。そこで青と緑だけでなく、「赤色」が見える能力、つまり赤色の波長に反応する錐体細胞が進化したといわれています。一方、夜行性の肉食動物であるネコ科動物には、進化の過程でその必要がありませんでした。しかし、人間が赤色を識別できる能力を獲得したといっても、これはまだ進化の途中にあるため、不完全な状態です。赤色に反応する錐体細胞は、もともと持っていた緑色に反応する錐体細胞から分かれて進化しました。しかし、分かれてからまだあまり時間が経過していないために、2つの細胞が反応する波長の領域も、まだそれほどよく分かれていないのです。わたしたちが、少し暗い夕暮れ時などに、赤色と緑色が見分けにくくなるのは、このためです。

ねこの目の話から、人間、そして哺乳類全体の話にまで及んでしまいましたが、このように長い進化の歴史のなかで、ねこやわたしたちの違いを見てみるのも、面白いのではないでしょうか。色の識別や、視力の点では、ねこは人間に少し劣っているかもしれません。しかし、あとでお話しする、動体視力や嗅覚や触覚、聴覚などの他の感覚を発達させることによって、そのハンディを補ってあまりあるほどの能力を獲得しています。

ねこのすごい動体視力

ねこの視界は200度程度、そのなかでも両方の目の視界が重なる、立体視の範囲は、およそ100度といわれています。これは人間とそんなに変わりません。ねこも人間も、目が顔の正面についているからです。一方、馬などの草食獣は、目が顔の側面にありますので、300度以上が視野に入ります。これは、自分たちを狙う肉食獣の存在を、いち早くキャッチして逃げるためです。ねこは目だけでなく外界からの情報を収集する耳や鼻、そしてヒゲなどの感覚器官がすべて顔の正面について、前方に向けられているのは、獲物を攻撃する側の肉食獣だからです。一方、肉食獣からの攻撃を防御する側の草食獣は、ほぼ360度をカバーできる要塞のように、感覚器が配置されています。

ねこは動く物体を「コマ送り」で見ることができる？

動くものに対するねこの動体視力のすごさは、ねこを飼っている方ならご存知

おもちゃに向けて目をロックオンの状態にしたねこ

のはずです。遊びモードに入ったねこの前で、ねこじゃらしなどのおもちゃを左右に振ってやると、首を小刻みに左右に動かしながら、目はターゲットであるおもちゃを、常にロックオンの状態にしています。そして、チャンスを見計らって見事にターゲットをとらえます。またあるいは、上下に激しく動かしたねこじゃらしに向かって、後脚で立ち上がって、左右交互の「ねこパンチ」を、1秒間に何発も繰り出して、動くターゲットに見事にパンチをヒットさせています。わたしたち人間は、ねこじゃらしや人差し指を左右に振ると、その速度が早くなるにつれて、動く物体がつながって見えてしまい、物体そのものの姿を目で認識できなくなります（飛行機やヘリコプターのプロペラでも同様です）。ねこは、人間にはつながって見える状態でも、ねこじゃらしそのものの姿を目でとらえているようです（もちろん、限界はありますが）。テレビの映像は、画像を連続で重ねた、ぱらぱら漫画のようなものです。テレビは1秒あたりの画像数が多いので（1秒あたり30コマ）、わたしたちの目には画像がつながった連続した映像として見えます。一方、ねこはテレビの映像が、コマ送りのように、つまり一枚一枚の画像の連続として見えるようです。同じテレビの画面を見ていても、ねことわたしたちでは、実は全く違うように見えているようです。動体視力を鍛えに鍛え抜いた、野球の選手の目には、ピッチャーの投げるボールの縫い目が見えたり、ボールの軌道がスローモーションのように見えたりするそうです。ねこがもし、バッターボックスに立てば、ピッチャーの投げる豪速球も、そのように見えるのかもしれません。もちろん、このねこの素晴らしい動体視力は、ネズミや野鳥などの素早く動く小動物を捕らえるために進化してきたものです。しかし、動かないものに対しては、わたしたちが思っている以上に、ねこはあまりよく見えていないようです。前述したわたしの家にすんでいる「ニャーコ」は、大好きな煮干しを、目の前の床に置いてやっていても、なかなかその存在に気づかずに、ニオイを嗅いで初めてそこに煮干しがあることがわかるようです。

ねことわたしたち人間は一緒に住みながらも、ものを見る能力に関しては、これほどまでに両者の間には違いがあります。人間には見えないものが、ねこには見えていたり、また人間に見えているものが、逆にねこには見えていなかったり。人間の男女がお互いにないものを求めて惹かれ合い、そして一緒に住むように、人類とねことの共同生活が1万年も続いているのは、お互いにないものに惹かれ合っているからなのかもしれません。

ねこの瞳

家の窓ぎわで、ひなたぼっこをしているねこや、日差しの強い初夏に、公園の木陰などで涼んでいるノラねこたちの目を見ると、瞳孔が針を立てたような縦長の形になっています。ねこの瞳孔は、暗い夜などは、大きなまん丸の形をしていますが、明るいところでは、レモンを立てたような形、そして、天気のよい日中の屋外などでは、細い縦長の形になります。人間の瞳孔は、明るさによって大きさは変わりますが、ねこのように形まで変わることはありません。明るくても暗くても形は丸いままです。昔の中国や日本の江戸時代には、ねこの瞳孔の形を見ることにより、時間を知ったという話があるそうです。ねこは、その場所の明るさや天気、その時の気分などによっても、瞳孔の形を変えますので、この「ねこの目」時計は、実用的であったとはとても思えません。ただ、ねこの目の形の変化を説明する時には、とても面白いエピソードになります。

ねこはなぜ明るさによって瞳孔の形を変えるのか？

それにしても、なぜねこは、明るさによって瞳孔の形を変えるのでしょうか？　人間のように、丸い形のままで大きさを変えるように、なぜ進化しなかったのでしょうか？　その理由は、瞳孔が丸い形のままだと、小さくするのに限界があるからです。この章のはじめのほうにも書きましたが、ねこの目は、夜間のわずかな光のなかでも獲物が見えるように、光の刺激に対して敏感な構造に進化しています。この高感度仕様の眼球のなかに、昼間の強い光がそのまま入ってくれば、大切な網膜を傷めてしまうことになります。日差しの強い屋外に、人間とねこが一緒にいたとしても、ねこは人間よりも瞳孔の面積を小さくして、目に入ってくる光の量をより制限する必要があります。しかし、前述したように、瞳孔が丸い形だと、瞳孔の面積を小さくするのに限界があります。人間でも直径2ミリメートルが限界です。瞳孔を収縮させる輪ゴムのような筋肉が、それ以上は収縮できないからです。一方、ねこの瞳孔の大きさを調節する筋肉は、別の筋肉によっても上下に引っ張られるために、瞳孔を幅1ミリメートル以下の針のような細さにまで収縮することができます（87ページの図）。輪ゴムは丸いままでは、輪のなかの面積は小さくできませんが、上下に軽く引っ張ることによって、輪のなかの面積をほぼゼロにできるのと、同じような原理です。このような瞳孔のまわりの筋肉の構造から、ねこは瞳孔の形を変化させて目に入る光の量を絞り込み、高感度で繊細《せんさい》な目のなかの組織を強い光から保護しています。

さて、瞳孔のまわりの円盤状の部分を虹彩《こうさい》といいます。人間ではアジアの人たちの大部分は、黒や鳶色（とび）の虹彩をしています。一方、ヨーロッパなどでは、青や緑やグレーなど、さまざまな色の虹彩を持った人たちがいます。ねこも同様に、レンガのような赤褐色から、オレンジ、黄色、緑に青など、豊富なカラーバリエーションがあります。ねこも人間も、虹彩の多彩な色はメラニン色素の量によって決まっています。メラニン色素の量が少ないと、青色に見えます。また、なかにはメラニン色素を全くつくることができない「アルビノ」という突然変異のねこもいます。そのようなねこは全身の毛色が真っ白で、虹彩の色も白、または血管の色からピンク色をして、瞳のなかの色は赤色をしています。

ねこの虹彩の多彩なカラーバリエーションは、わたしが相島で行ったノラねこの研究でも大変役に立ちました。島のノラねこをすべて見分けて、それぞれに名

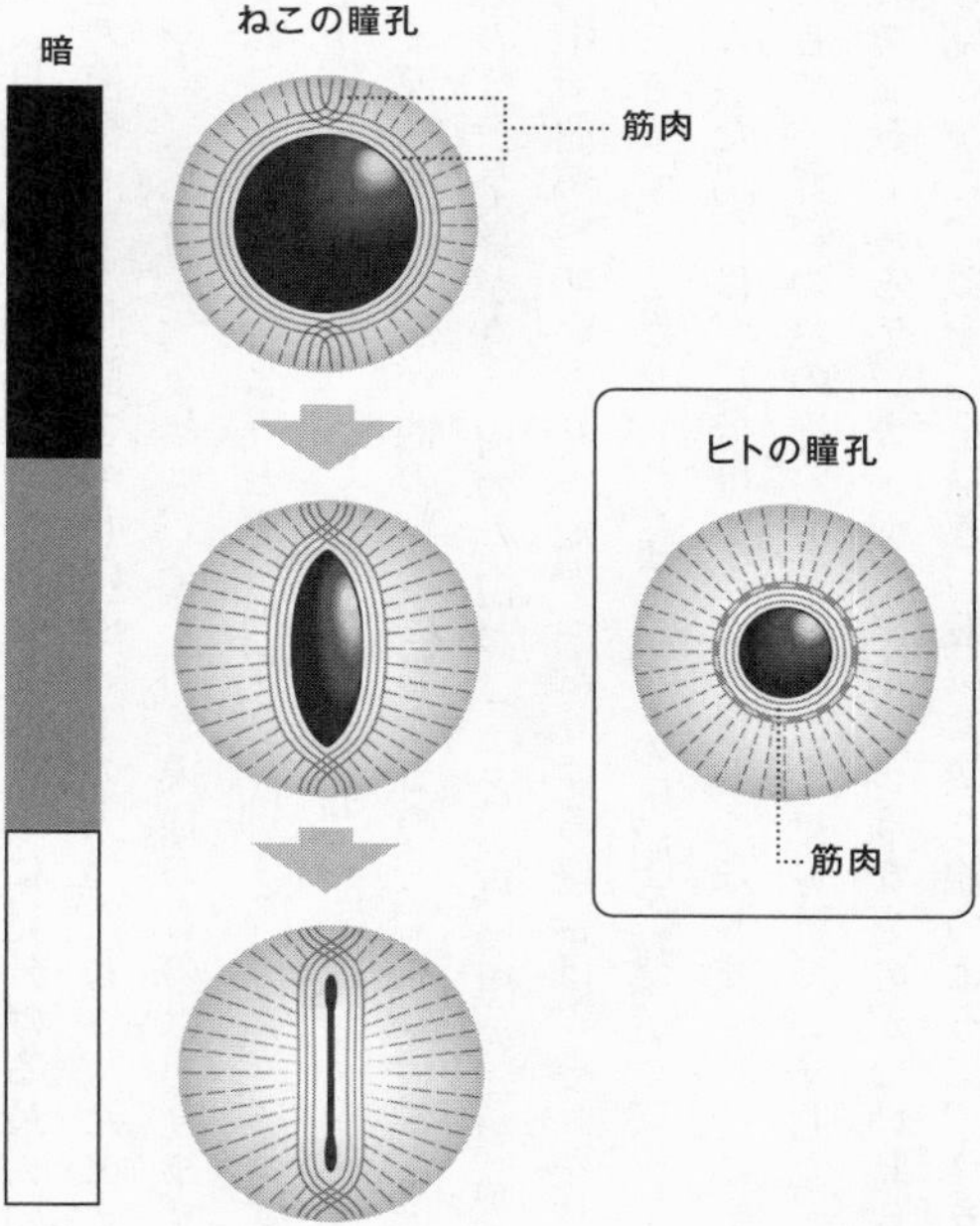

ねこと人の瞳孔と筋肉

前をつけてゆくのですが（個体識別といいます）、多い時には２００匹ものノラねこを同時に見分けていました。ねこを1匹ごとに見分ける最大のポイントは、身体の毛色の模様です。腹側を中心に白い毛の入ったねこ、たとえば、黒白の「ぶちねこ」や「三毛ねこ」などは、全く同じ模様のものはありませんので、そのようなノラねこが何百匹いようとも、簡単に識別することができます。また、茶(オレンジ)や黒のしま模様の、いわゆる「キジねこ」も、よく見てみると指紋のように、しま模様のどこかが他のねこと異なるので、見分けることができます。しかし困るのは、全身が真っ白の「白ねこ」と、真っ黒の「黒ねこ」の場合です。尻尾が途中で曲がっていたり、短かったりする場合は、それを特徴として見分けることができます。しかし、長いまっすぐの尻尾を持った「白ねこ」や「黒ねこ」がたくさんいた場合は、見分けることが難しくなります。そこで、最後の識別ポイントとして、虹彩の色の違いでノラねこを見分けていました。いまのように簡単に画像を記録できるデジカメやスマホのようなものがない時代でしたので、ねこの顔を見ながら、似顔絵を描き、最後に塗り絵のように、ノラねこの目を色鉛筆を使って描き込んでいました。

遺伝子によって決まる目の色

さて、このようにバリエーションの多いねこの虹彩の色を左右する、メラニン色素の量は、主に遺伝子によって決まっています。ただし、この虹彩の色は、身体の毛色を決める遺伝子などからも、影響を受ける場合があります。たとえば、全身の毛色を真っ白にしてしまう、遺伝子W（白：Whiteの頭文字をとったもの）です。この遺伝子はとても強力な遺伝子で、他の毛色の遺伝子の効果（たとえば、黒やオレンジ、キジなど）をすべて抑えて、全身を真っ白にしてしまいます。この遺伝子Wの効果は、毛色にとどまらず、聴覚神経や虹彩の色にも影響を及ぼし、この遺伝子を持ったねこは、難聴になったり、虹彩の色が青になったり、さらには左右の目の虹彩の色が異なる（多くの場合、片方が青で、もう片方が黄色です）、いわゆるオッドアイになる場合があります。難聴やオッドアイのねこが白ねこに多いのは、この強力な遺伝子Wの影響です。

ともあれ、透き通った厚い角膜の下に見えるねこの虹彩は、近くで見ると大変美しく、まるで宝石のようでもあります。また、虹彩の表面の小さな筋や凹凸は、水面の波の影が映った泉の底のようでもあり、思わず吸い寄せられそうになるほど神秘的です。嘘だと思う方は一度確かめてみてください。わたしたち人間が、ねこに最もつよく魅力を感じる要因のひとつは、高度に機能的であり、また神秘的でもある、この「目」なのではないでしょうか。

ねこの聴力はすごい！

静かな夜更けのくつろぎのひと時に、それまで寝ていたねこがいきなり起き上がり、ただならぬ様子で天井や窓のほうを凝視して耳を立てる、そんな姿を見たことはないでしょうか？　何か見えてはいけないものが、ねこには見えているのでは？　などと思って、少し気味が悪くなったりしたことはないでしょうか？

ねこの聴力は人間の5倍？

ほとんどの場合、これは人間には聴こえない物音に、ねこが敏感に反応しているからです。人間が普通に聴こえる音域は、20〜2万ヘルツ（ヘルツとは1秒あたりの振動回数を表す周波数の単位のこと）といわれていますが、ねこの場合は、人間よりもはるかに高周波の音を聴くことができて、その範囲は、30〜6万5千ヘルツといわれています。大きな音であれば、10万ヘルツ付近まで、ねこは聴こえているとまでいわれています。ねこの聴覚が、人間の可聴域をはるかに超える高周波の音が聴こえるように進化したのは、エサとなるネズミの鳴き声の音域が2万~9万ヘルツと、非常に高いためです。人間には何も聴こえていないのに、ねこが反応するのは、天井裏や外で活動しているネズミなどの小動物の鳴き声や、何らかの高周波の物音に反応しているのだと思われます。

ねこの耳は、可聴域が広いだけでなく、音を集めるのにも大変優れた構造をしています。ねこの先の尖った円錐状の、大きくて薄い耳は、音を集めるのにも、大変に適した形をしています。また、わたしたち人間は耳を動かすことはできませんが(たまに、少し動かすことのできる特技を持った人もいますが)、ねこは10以上もの筋肉によって、耳を自由自在に音のする方向に動かすことができます。左右で別々の方向に動かすこともできれば、外側の方向にもほぼ180度も動かすことができます。ねこの耳は、その動きによって自分の気持ちを相手に伝えるというコミュニケーションの役割も果たすのですが、もともとは、ネズミなどエサとなる小動物の居場所をキャッチするために進化してきました。

ねこの祖先であるリビアヤマネコは、草原に棲む野ネズミなどを主なエサとしていますが、そのネズミが活動するのは、夜暗くなってからです。もう少し正確には、薄明薄暮といわれる、早朝や夕方の薄暗い時間帯です。野ネズミは、昼間はワシやタカなどの捕食者から逃れるために、地中のトンネルや岩穴、生い茂った草原のなかに隠れています。そして、暗くなる頃に、野ネズミたちはエサを探すための活動を開始します。リビアヤマネコは、野ネズミたちが活動中に発する高周波の鳴き声を、耳をたよりに探索します。自由に動かせる耳は、まわりの草陰や穴に隠れた野ネズミの声を効率的にスキャンできます。そして、野ネズミの鳴き声をキャッチできれば、両方の耳でその音源の方向を正確に特定します。これは、同じ音が左右の耳に到達する時の、ほんのわずかな時間差によって、その音源の方向を瞬時に特定しているものです。また、周波数の高い場合は、左右の耳に入ってくる音の強さの違いによっても、方向を特定するともいわれています。ねこは、リビアヤマネコから、その能力をそっくりそのまま受け継いでいます。たとえ、獲物の姿が全く見えなくても、天井裏や軒下にネズミがいても、獲物の出す音をたよりに、そのすぐ近くまで忍び寄ることができます。ねこの狩りにとって、研ぎすまされた聴覚は、なくてはならないものです。

人間の生活音はねこにとってストレス？

わたしたちと一緒に、同じ家で暮らすねこたちにとって、日常の生活音は、一体どのように聴こえているのでしょうか？　前述したように、人間の耳で聴こえる音の周波数の範囲は、ねこの可聴域が、ほぼすべてカバーしています。つまり、人間に聴こえている音のほとんどは、ねこにも聴こえています。しかし、反対にねこにはよく聴こえていても、人間には聴こえていない音域があります。それは、2万ヘルツ以上の超音波領域の音です。ねこは10万ヘルツくらいまで、音の聴き取りが可能といわれています。従って、わたしたちにとっては、とても静かで落ち着いた夜であっても、ねこたちにとっては、騒々しく、もしかすると不快な夜である可能性もあります。

最近の家電製品は低騒音仕様になっているものがほとんどですが、それはわたしたち人間にとっての騒音を低減しただけであって、ねこたちにとってもそうであるとは限りません。掃除機やドライヤーなどはともかく、人間の耳にはほとんど無音の空気清浄機や、エアコン、照明器具、ACアダプターなどからも、ねこの耳に聴こえる超音波領域の音が出ている場合があるそうです。人間でも、まれに超音波領域の音（高周波ノイズ）が聴こえる耳を持っている人がいて、その騒音に悩まされることもあるそうです。

ねこは、野生そのままの、すごい聴覚を持って生まれてきたがために、電化製品に囲まれた人間の便利すぎる生活を、少々苦手に感じ始めているのかもしれません。家のねこが、これといった理由もないのに、いつも落ち着かず、神経質な状態が続くなら、ねこにだけ聴こえる騒音の可能性についても、考えてみたほうがよいのかもしれません。

耳で知るねこの気持ち

「ねこ」は、「いぬ」と比べて、人間に対する態度があっさりしていることもあって、どのような気分や気持ちなのかが、読み取りづらい動物なのかもしれません。しかし、ねこの表情やしぐさなどをよく観察してみると、状況によって刻々と変化し、実は感情表現がとても豊かな動物であることがわかります。身体では、尻尾の位置や動きなどによる気持ちの表現は、比較的わかりやすいと思います。表情では、目や瞳孔の開き具合、口ヒゲの張り具合などによってもその時の気分がわかりますが、一番わかりやすいのは、耳の向きだと思います。

ねこの耳は喜怒哀楽を表す

ねこの耳がピンと立って正面を向いている時は、気分的に安定した正常状態です。ねこカフェのねこが、あるいはノラねこなどが、耳と尻尾をピンと真上に立てて、近くに寄ってくるようでしたら、あなたに好意を持っている証拠です。撫でてあげるなどのスキンシップをしても大丈夫です。しかし、お昼寝をしているノラねこに近づいた時に、ねこが耳を横や後ろに向けたり、倒したりした場合は、お互いにとってよくない事態が予測されます。耳を斜めに立てたまま横あるいは後ろを向いている時は、ねこは大変怒っています。その時の耳は、反り返った鬼の角のようにも見えます。そのサインがわからずに、ねこを触ったり抱きかかえたりしようとすると、噛まれたり引っ掻《か》かれたりすることもあります。さらに、耳が後ろに完全に倒れている時などは、あなたを完全に敵とみなした防御の姿勢です。牙もむき出しにしますし、「フゥーッ」といった声で威嚇しますので、誰でも近づいてはいけないとわかるはずです。耳を完全に横に倒している場合は、ねこは怯えています。この時も、そのまま、そっとしておいてあげてください。いろいろと詳し

ねこの耳がピンと立った状態

く書きましたが、ねこと良好な関係を維持するのは実は簡単なことです。つまり、ねこの耳が正面を向いていなければ、ねこにあまり構わず、そっとしておいてあげるのが一番です。

ねこは、ねこや人の声の聞き分けができるのか？

ねこは、家のなかで一緒にすんでいる他のねこの声を、あるいは、ノラねこであれば、同じエリアに棲んでいるノラねこの声を、聞き分けることができるのでしょうか？　ねこは、日常の生活のなかでは、いぬほど吠えたり鳴いたりしません。どちらかといえば、もの静かな動物のイメージがあります。しかし、ねこも季節によっては非常に激しく鳴くこともあります。それを聞くことのできるのが、1〜3月頃の発情期です。寒い冬の夜空に響きわたる「アーオー、アーオー」という人間の赤ちゃんの泣き声にも似た、甲高い激しい声を聞かれたことはないでしょうか？　これは、オスのノラねこがメスを探して鳴く発情声です。どこか物悲しくも、切羽詰まったようなこの声は、静かな夜であれば、100メートル以上離れたところからも、聞き取ることができます。

飼いねこであっても、去勢されていない大人のオスねこであれば、その時期になると、同様の発情声を出して激しく鳴きます。一方、メスねこもオスほどではありませんが、交尾と妊娠が可能な自分の発情時に、交尾を迫るオスがまわりにいなければ、オスと同じように発情声を出して、異性を呼び寄せようとします。

個体によって異なる、ねこの鳴き声

わたしは福岡県の相島で、ノラねこたちのこのような繁殖行動をおよそ7年間も観察していましたが、ノラねこの発情声は、人間であるわたしの耳にも、個体ごとにかなり違いがあるように聴こえました。ハスキーボイスのオスもいれば、荒々しくドスの利いたような声のオスもいました。また、大きな身体に似合わず、非常に高い声で鳴くボスねこもいました。ノラねこたちも、発情声を聴けば、どのオスが鳴いているのかが、だいたいわかっているようでした。発情したメスのまわりをぐるりと取り囲んで求愛しているオスたちは、遠くから発情声が聴こえると、顔を起こして声の方向に耳を向け、強いオスの声が近づいてくると、若いオスなどは相手の姿も確認せずに、その場から一目散に逃げ去ることもありました。まだ力のない若いオスのノラねこたちは、強いオスに見つかってメスの近くから蹴散らされる前に、事前にどのオスの鳴き声かを聞き分けて、そこに残るのか、それとも逃げ出すのか、判断しているようでした。

また、春になって生まれた子ねこたちも、少なくとも自分の母親の声は、聞き分けているようです。まだ乳飲み児の子ねこたちは、母親がエサを探しに出かけるなどで留守の時には、敵に見つからないようにするため、鳴くことはありません。しかし、母親が戻ってきて、子ねこに優しく呼びかけると、倉庫のなかから複数の子ねこの鳴き声が聴こえてきました。わたしたちが外から、いくら母ねこの鳴き声をまねてみても、他のねこたちが鳴いていても、子ねこは全く反応しませんでした。

母ねこも当然、自分の子供の声は聞き分けているようです。もう、20年も前になりますが、神社の境内で、まだヘソの尾のついたままの、目も開いていない、生まれたばかりの子ねこを拾ったことがあります。オレンジのキジ猫でしたので「トラ」ちゃんと名付けました。その頃、わたしは大学院生で、住んでいたアパートではねこを飼うことができず、少し大きくなるまで、トラちゃんを大学の研究室で飼っていました。だんだん大きくなって激しく飛び跳ねるようになってくると、さすがに大学の研究室では飼えず(いま思うと、なんともおおらかな時代でした)、知人のお宅でしばらく預かってもらっていました。トラちゃんが大人になった頃、その方が引っ越しをするというので、またわたしが引き取って、今度は大学の野外実験場で飼っていました。そして、苦労の末、ようやく引き取ってくれる方が見つかり、トラちゃんはめでたくもらわれていきました。しかし実はそのトラちゃんは妊娠していて、しばらくすると6匹もの子ねこを産みました。引きとってもらう時には妊娠の初期の段階でしたので、お腹も膨れておらず、わたしは全く気づかなかったのです。わたしはその方から散々怒られて、「わたしは絶対にあなたをねこ博士と認めない」とまでいわれてしまいました。それでもその方は、6匹の子ねこのうちの4匹の里親を探してくれて、さらには、もらい手のなかった残りの2匹の子ねこ(どちらもメスで、名前は「ツル」と「カメ」)を自ら引き取ってくれました。結局、母ねこと娘2匹の、合計3匹のねこを、その方がもらってくれたことになります。

瀕死の状態でも娘ねこの鳴き声に反応した母ねこ

前置きが大変長くなってしまいましたが、すごい話はここからです。そのねこたちが、もらわれていってから、2、3年たった頃です。トラちゃんが外に出たまま帰ってこないとの連絡を、その方から受けました。お宅のまわりを捜索していると、道路のアスファルトに、トラちゃんの毛と思われる茶色の毛が張りついていました。おそらく、車に轢《ひ》かれた時のものです。わたしたちは、もう死んだものと思い、トラちゃんの死体を探して回り、役所の担当部署にも死体の記録がないかどうか、問いあわせたりもしました。しかし、死体はどこにも見つかりませんでした。10日近くたったある日、その方はふと思いついて、事故のあったと思われる付近を、娘ねこである「ツル」と「カメ」の2匹をかごに入れて連れていき、一緒に探したそうです。すると、その娘ねこの鳴き声を聞いて、近くの家屋の軒下に隠れていたトラちゃんが、前足で這って出てきたそうです。道路を横断中に、車に腰を轢かれて、そのまま這って近くの家の軒下まで逃げて、そこで隠れていたようです。助け出されたトラちゃんは、骨盤を骨折していましたが、動物病院の獣医師の適切な処置によって、ほぼ完治し、12歳まで生きました。それにしても、大けがを負いながら、しかも飲まず食わずで10日間もよく生き延びていたものです。ねこの生命力のすごさにびっくりするのと同時に、娘ねこの鳴き声に反応して這い出てきたことも、すごい話だと思います。このエピソードから、少なくともねこが、一緒にすんでいる自分の子供の鳴き声を聞き分けることができることがわかります。飼っているねこが外に出たまま戻らなくなれば、これと同じような状況である可能性も考えられます。その時には、一緒に住んでいるねこを連れ出して、探してみるのもいいかもしれません。また、次に述べますが、飼い主の声も聞き分けているようですので、ねこの名前を呼びながら、近所を探してみるのもいいかもしれません。

では、ねこが人間の声を聞き分けられるかどうかですが、飼いねこは、飼い主とそうでない他人の声を聞き分けているようです。2013年に発表された、東京大学の齋藤慈子《あつこ》博士(現・上智大学准教授)と篠塚一貴博士(現・理化学研究所研究員)らの研究は、次のようなものでした。飼いねこ20匹を対象にして、飼い主と他人がそのねこの名前を呼ぶ声を録音したものを、次々とねこに聞かせる実験を実施しました。その結果、飼い主の声に対しては、他人の声と比べて、耳や頭を動かすなどの反応の度合いが大きかったそうです。ねこが飼い主の声を聞き分けている、これは、ねこを飼っている人なら、なんとなくわかっていたことではありますが、あらゆる可能性を考えてデザインされた実験によって、きちんと証明できたことの意義はとても大きいと思います。

ねこの嗅覚は人間の約10万倍

ねこは嗅覚においても、非常に優れています。いぬには少し及びませんが、それでも人間の数万倍から数十万倍もの嗅覚があるといわれています。人間には無臭のものでも、ねこにとっては非常に「臭う」ものが、家のなかや街のなかに、散在しています。わたしたち人間は、日常生活のなかで、それほど嗅覚にたよって生きているわけではありません。そのかわりに、視覚や聴覚によって、目と耳から得られる情報によって、まわりの状況を把握しながら、街のなかを歩いたり、人に会ったり、映画やコンサートを楽しんだりと、日常生活を送っています。スーパーで食材を選ぶ時でも、見た目の形や色などで、おいしそうであると判断して買い物かごに入れますが、マツタケなどの食材でないかぎりは、ニオイを嗅いで選ぶ人はほとんどいません。成長産業であるネットショップなどでも、商品をニオイで選ぶことなど、最初から想定されていません。また、人とのコミュニケーションも、相手の話を聞いたり、その時の表情などを見たりして、意思疎通をはかります。お互いのニオイを嗅ぎ合ってコミュニケーションをはかることなど、よほど親密な間柄でなければ、あり得ません。

ねこの嗅覚は「嗅細胞」が多くあるため

一方、ねこやいぬの場合、まわりの世界をニオイによってとらえている比重が高く、同じ家にすんでいても、ねこたちは、わたしたちの想像をはるかに超えたニオイの世界で暮らしています。ねこが、食べられるものか、そうでないかを判断するのは、見た目ではなく、そのニオイによってです。人間の目には明らかに食べ物であっても、ねこはニオイを確かめるまで、決して口にしようとはしません。また、わたしたちが帰宅した時も、自分の身体をこすりつけながら、同時にわたしたちのニオイも確かめています。帰りにどんなものを食べてきたか、いつもと違うところに行ってきたかなどは、ねこはすべてお見通しだと思います。仕事帰りにねこカフェなどに寄ってこようものなら、ねこは、あなたのニオイを執拗に嗅ぎ回り、なかなかまわりから離れようとはしません。また、ねこ同士のコミュニケーションでも、鳴き声や、表情、身体の動作などによるメッセージを、聴覚と視覚で受け取るだけでなく、体臭や、尿や糞に含まれるニオイによるコミュニケーションを日常的に行っています。ノラねこなどは、それぞれのねこが排他的な縄張りを持つことが多いため、お互いに出会って視覚や聴覚にたよったコミュニケーションを行う機会にあまり恵まれていません。従って、相手が近くにいなくとも、尿や糞などを積極的に目立つ場所に残すことによって、そのニオイで相手に情報を伝え、そして相手からの情報やメッセージも受け取ります。メスが自分の発情の状態を知らせる尿中の性ホルモンや、相手に自分が誰であるかを伝える尿に含まれる物質などは、ニオイによるコミュニケーションの重要な媒介物となります。このように、ねこの嗅覚はわたしたち人間が想像する以上に、ねこが生きていくために重要な感覚のひとつなのです。

ねこの嗅覚がさまざまなニオイを嗅ぎ取り敏感なのは、空気中のニオイ物質を感じ取る嗅細胞がたくさんあるからです。人間もねこも鼻腔の奥の、粘膜で覆われた嗅上皮に嗅細胞が存在しています。ニオイのもととなる空気中の化学物質は、嗅上皮の湿った粘膜に接することによってそのニオイが感知されます。ねこの嗅上皮の面積は人間の5～10倍といわれ、その面積は20平方センチメートルにもなるといわれています。嗅細胞の数も人間で4千万、ねこで2億との報告もあります。さらに、ねこは鼻以外にも、ニオイを感じる感覚器を、口のなかにも持っています。これはヤコブソン器官と呼ばれている、ねこの上あごの前歯(門歯)のすぐ後ろにある感覚器です。ねこが少し口を開けて、上あごの前歯をむき出した変な表情をしているのを、ねこを飼っている人なら一度は見たことがあると思います。これは、ニオイ物質を口のなかのヤコブソン器官に送り込んでいる時の表情で、フレーメン反応とも呼ばれています。このフレーメン反応は、人間やサル以外の、多くの哺乳類にも見られ、馬などは前歯をむき出して、笑っているかのような表情になります。ねこの場合でも、他のねこの尿のニオイを嗅ぐ時に、フレーメン反応がよく見られ、それによって尿中の性フェロモンからメスの発情状態の情報や、それぞれのねこが固有に持つ情報を収集していると考えられています。

もし、わたしたち人間も、ねこ同様の鋭い嗅覚やヤコブソン器官を持っていれば、他人には知られたくない、あるいは知りたくもない個人の履歴や情報が、ニオイによって、家族にも他人にも筒抜けになってしまいます。きっと、わたしたちにとっては、とても生きづらい世のなかになってしまうのではないでしょうか。

ねこのニオイ情報の世界

ねこは、仲間のニオイをどのくらい嗅ぎ分けることができるのでしょうか。家で、複数のねこが一緒に飼われている場合は、少なくとも、一緒に暮らすねこと、他の知らないねことのニオイの違いは嗅ぎ分けられるようです。外でノラねこやねこカフェのねこと遊んで帰ってくれば、ものすごい勢いで、かつ執拗にニオイを嗅がれます。これは、ねこが自分や家のなかにいる他のねこのニオイと、知らないねこのニオイとを嗅ぎ分けている証拠です。いぬでも同様だと思います。

ノラねこの尿を使った面白い実験があります。いつも一緒にいる同じグループのねこと、たまに出会うことのある隣のグループのねこ、そしてこれまで出会ったこともない未知のねこの、それぞれの尿のニオイを、ノラねこに嗅がせて、その反応時間を計測した実験です。ニオイを嗅ぐ時間が長いほど、その尿を残したねこに興味があり、ニオイのなかの情報を詳しく調べていると、ここでは考えます。結果には、明らかな違いが見られました。つまり、同じグループのよく知っているねこの尿は、それほど長い間ニオイを嗅ぎませんが(10〜15秒程度)、隣のグループの尿となると、それよりも時間が長くなり、全く出会ったこともないねこだと、さらに長く30秒以上もニオイを嗅ぎ続けることもあるとの結果が出ました。この傾向は、オスによるスプレー尿(繁殖期にオスが尻尾を上げて、スプレーのように吹きかける、臭い尿)に対しては特に顕著に表れ、また、全体的にメスよりもオスのほうが、反応する時間が長いという傾向がありました。

これらの結果から、少なくともノラねこは、自分のグループと、隣のグループ、そして未知のねこの尿のニオイを、嗅ぎ分けることができると思われます。1匹1匹のねこについて嗅ぎ分けているかどうかについては、この実験からはわかりませんが、これだけの嗅ぎ分ける能力があれば、ねこごとのニオイの嗅ぎ分けができたとしてもおかしくはないと思われます。

ねこが自分のニオイをなすりつけたがる理由

ねことねこが出会った時、お互いの顔や身体を擦りつけ合います。これは、ねこの身体にはたくさんの臭腺があり、そこから分泌される自分のニオイを、相手になすりつける行動です。ねこの臭腺は、顔やお尻に集中しており、主なものでは、額や口のまわり、あごの下、肛門付近、尻尾、それに足の裏にもあります。

なぜ、ねこが飼い主や身近なねこに、さらにはモノに、自分のニオイをつけたがるかについては、いろいろな理由が考えられています。ひとつは、飼い主や仲のよいねこにニオイをつけることによって、愛情を表現するのと同時に、自分の所有物であることをアピールしていると考えられています。また、人やねこも含めて、そのねこにとって身近なモノから、自分のニオイを嗅ぎ取ることによって、つまり自分のニオイに囲まれることによって、精神的に安定するともいわれています。ノラねこなどは、屋外の壁や電柱、立ち木、果ては自転車などにも、自分の身体を擦りつけることもありますが、これは自分の存在や縄張りを、他のノラねこにアピールしているとも考えられています。また、これはまだ憶測の段階ですが、相島のノラねこのように、たくさんのノラねこたちがグループで暮らす場合には、ノラねこたちが互いにニオイをつけ合うことによって、グループ特有の共通のニオイを、メンバー同士でシェアすることが考えられます。さらには、身体を互いに擦りつけることによって、臭腺からのニオイだけでなく、そのニオイ物質を分解して二次的なニオイを発生させる、身体の表面の細菌叢《さいきんそう》もメンバーで共有することになります。そうなると、ますますグループ特有のニオイというものが出来上がります。そのメンバー共通のニオイによって、互いの仲間意識を高めて、発情期以外の無用な争いを避け、そしてグループのニオイをいろいろなところに擦り付けることによって、他のグループからのねこの侵入を避けるという仮説です。面白い説だと思いませんか？　群れで生活するアナグマというイタチの仲間も、このようにして、自分たちの仲間を認識し、共有する巣穴を他のグループから守っているようです。ねこでも同じようなニオイのシェアがあっても、全く不思議ではないように思います。人間が、同じグループのメンバーが同じTシャツを着たり、スポーツのチームが、同じユニホームを着たりするようなものでしょうか。

cauxin《コーキシン》旺盛なオスねこの尿

多くの方がご存知のように、ねこの尿には独特のニオイがあります。特に、発情期のオスねこのスプレー尿は、人間にとってはかなり強烈なニオイです。しかも長期間、そのニオイは残ります。このニオイさえなければ、ねこを飼ってもいいのに、と思われている方も、少なからずおられることでしょう。実は、この強烈なニオイについての面白いメカニズムが、理化学研究所の宮崎雅雄博士(現・岩手大学農学部教授)を中心としたグループによって、発見されました。

ねこは、尿中からタンパク質が検出される珍しい動物です。わたしたち人間であれば、定期健康診断や人間ドックなどで、尿からタンパク質が検出されれば、すぐさま腎臓の疾患が疑われ、再検査の通知書が送られてきます。宮崎博士らは、ねこの尿中に多量に存在するタンパク質が、腎臓でつくられていることをつきとめ、これをcauxinと命名しました。その名前の由来は、日本語の〝好奇心〟とのことです。このコーキシンは酵素として働くタンパク質で、尿中にフェリニン

(felinine) と呼ばれる、ねこの尿に特有のニオイ物質の材料をつくり出す働きをします。コーキシンの触媒作用によりつくられたフェリニンは、そのままではあまり臭いませんが、細菌によって分解されることによって、あの特有のニオイのする物質になります。ねこの尿中に多量に検出されるタンパク質は腎臓疾患によるものではなく、フェリニンを生成するために、腎臓で積極的につくられた酵素タンパク質だったのです。

強いオスの尿は特に臭い？

尿のなかのフェリニンとコーキシンの量は、ねこの年齢によって変化し、また血中の男性ホルモンのレベルによっても変化します。つまり、去勢をしていない大人オスでは多量に、一方、若いオスや去勢オス、それにメスでは少量しか尿中には含まれません。発情期の成熟オスの尿がことさら強烈に臭くなるのは、このような生理的なメカニズムが原因だったのです。さらに、フェリニンの原料である、硫黄を含むシステインやメチオニンといったアミノ酸は、エサとなる動物の筋肉に多く含まれています。従って、狩りの上手なオスほどフェリニンたっぷりの臭い尿を出すことができます。つまり臭い尿は、狩りがうまい強いオスの証しとなり、それをまわりに（特にメスねこやライバルのオスに対して）アピールすることができます。オスだけでなく、発情したメスも、オスのスプレー尿のニオイには大変に関心があり、よくニオイを嗅いでいます。メスはニオイの強い尿をするオスを交尾相手に選べば、狩りが上手な遺伝子を持つ子供を産むことができるかもしれません。オスねこが発情期に頻繁にスプレー行動を行うのは、自分の存在や強さをライバルに知らせるだけでなく、自分が狩りの上手な魅力的なオスであることを、メスにアピールしているとも考えられます。身体が小さな弱いオスに、スプレー行動がほとんど見られないのは、まだ自分の実力に自信がないからなのでしょう。わたしたち人間にとっては、悪臭でしかないねこのスプレー尿も、ねこの社会では、恋を成就させる重要な決め手なのかもしれません。

一方で、このコーキシンの存在が発見されたことによって、将来的には、コーキシンの生成を抑制したり、働きを阻害したりする薬が開発されるかもしれません。そうすれば、ねこの尿問題の解決につながり、多くの方がねことの生活を楽しむことができるようにもなることでしょう。

ねこのヒゲ

ねこには、やはりヒゲはなくてはなりません。子供がねこの顔の絵を描いているつもりでも、ヒゲを描かなければ、いぬにもくまにも見えてしまいます。ところが、最後にヒゲを描き加えた瞬間に、その絵はねこの顔に早変わりします。そのくらい、わたしたちのイメージのなかでは、ねこにヒゲはなくてはならないものであり、大きな先の尖った耳と、大きな丸い目と並んで、ねこの顔の特徴を表しています。あの国民的な、いえいまや世界的なマンガのキャラクター「ドラえもん」は、ネズミにかじられて耳がないようですが、ヒゲがあるために、かろうじて「ねこ」であることがわかります。もちろん、ねこ自身にとっても、ヒゲはとても重要な感覚器のひとつです。

ねこのヒゲはセンサーの役割を果たす

ねこのヒゲは、身体に生えている体毛と比べると、明らかに長く、そして太い毛です。わたしたちがねこのヒゲと呼んでいる毛は「触毛」と呼ばれ、口と鼻の間の両側から、横に伸びています。ねこの顔をよく見てみると、ねこの触毛はそれだけではありません。目の上から上方に向かって伸びている触毛もありますし、ねこの頰から外側に向かっても、数は多くはありませんが、触毛が生えています（119ページの図）。ねこの顔には、顔の中心から外側に向けて、放射状に触毛が生えていて、まるでパラボラアンテナのようです。実際に、ねこの触毛は、嗅覚や視覚と同様、顔のまわりに張りめぐらせたアンテナのように外界の情報を集めます。

ねこの触毛は、通常の体毛よりも、3倍ほど皮膚の深いところから生えています。そして、触毛の毛根のまわりには多数の受容器と神経細胞が存在しています。そのために、触毛が何かにふれて少しでも動けば、毛根の受容器が敏感に反応して、その対象物の空間的な位置を把握することができます。また、わずかな空気の流れや気圧の変化までも、触毛によって感じ取ることができるともいわれています。ねこの触毛がこのように敏感なのは、やはり狩りと無関係ということはあり得ません。視覚のところでもお話ししましたが、ねこは、至近距離のものがよ

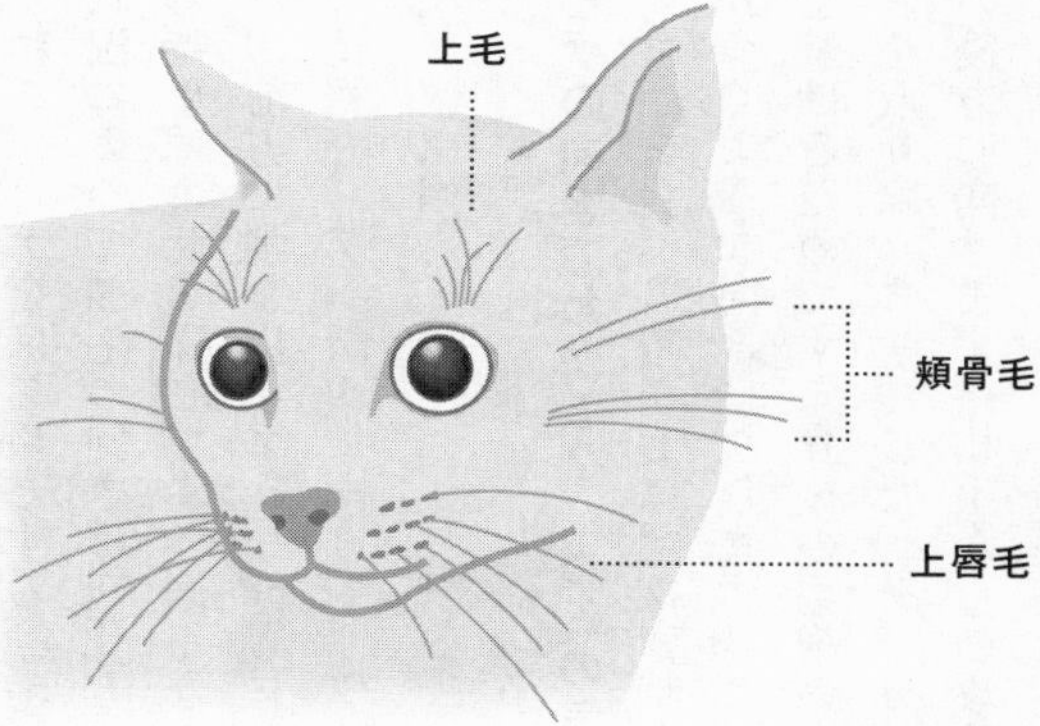

ねこのヒゲ（触毛）とその位置

く見えていません。その視覚の及ばない部分をカバーするのが、触毛によるセンサーです。ねこの狩りは忍び寄り型、あるいは待ち伏せ型で、獲物が射程圏内に入れば、隙を見て飛びかかり獲物の首筋に嚙みついて、仕留めます。ねこがあまりよく見えていない至近距離で獲物が動けば、触毛にふれたり、あるいはふれなくとも、獲物が動くことによってできる空気の流れを、触毛によるセンサーでキャッチしたりして、獲物の動きや位置を正確に把握することができます。また、触毛は顔だけでなく、前肢の肘の内側の部分にも生えており、接近戦の時に、獲物の動きを察知して、前肢で押さえ込むのに役立ちます。

ねこのヒゲをはじめとする触毛は、前後や上下に動かすことができ、その時の状況によって触毛の向きは変化します。ノラねこが自分の縄張りをパトロールする時や、エサを探して歩き回るなどの探索行動の時は、ヒゲをはじめとする触毛は、前方に張り出すような向きになります。これは、進行方向や顔を向けた方向の情報を、アンテナでありレーダーでもある触毛によって、いち早くキャッチするためです。

ヒゲの向きでわかる? ねこの気持ち

エサを食べる時などは、探索時とは逆の方向、つまりヒゲが顔にぴったりと張りつくような向きになります。これは、大切なアンテナがエサで汚れることなどを避けるためです。食後の毛繕いの時には、念入りに触毛のお手入れをして、汚れを取り除きます。また、ケンカの時や、恐怖を感じた時にも同様に、ヒゲを顔の後方に向けます。相手からの攻撃によって、大事な触毛が損傷することを防ぐためです。その他、その時の気分や感情によっても、ヒゲの向きは変化します。

一般的には、ヒゲが上を向いている時のねこは機嫌がよく、逆に、下を向いている時にはリラックスしているともいわれています。ただ、ねこは視力があまりよくありませんので、尻尾の動きならともかく、細いヒゲの動きで自分の感情を積極的に相手に伝えようとしているとは、あまり考えられません。感情表現というよりも、情報収集のアンテナとしての機能を最優先として、ヒゲを動かしているものと思われます。

わたしたち人間とねこは、その機能や能力に随分と差があるにしても、目や耳、それに鼻は共通に持っています。しかし、ねこのヒゲを含めた触毛にあたる毛を、わたしたち人間は持っていません。空気の流れや気圧を、実際にねこがヒゲでどのように感じているのか、わたしたちは想像することさえできないのです。

ねこの味覚

多くの点で人間よりも優れた感覚器を持つねこですが、味覚だけは人間に劣るといわれています。特に甘味はあまり感じることができないようです。人間の食べるケーキなどを好むねこもいるようですが、それは甘味というよりも、生クリームやバターといった乳製品の味を好んでいるからです。進化の過程で肉食に特化してきたねこは、人間と暮らす家畜化の過程でも、甘味を感じる能力を身につけることはありませんでした。この点が甘味がわかるいぬとは異なるところです。

一方でねこは、苦味や酸味に関しては比較的、敏感に舌で感じているようです。それは、腐敗した肉を感知するためといわれています。

このように、味覚があまり発達していないねこは、味音痴で食べるものに無頓着かといえば、そうではないかもしれません。なぜなら、嗅覚が人間よりもずば抜けて発達しているからです。わたしたち人間は、花粉症やカゼで鼻が詰まっている時にどんなご馳走《ちそう》を食べても、その味がよくわからず、損をした気分になります。それは、口のなかから鼻に抜ける、食べ物の香りやニオイによっても、わたしたちは食べ物の美味しさを感じているからです。人間のように口のなかで食べ物をよく噛むこともなく、ただ飲み込むだけのねこは、舌による味覚よりも、敏感な嗅覚で食べ物の美味しさを楽しんでいるのではないでしょうか。

ねこの舌

第3章
ねこの「治癒力」

夜、仕事から帰って自宅の玄関のドアを開けると、あなたの疲れ果てた足音を遠くから聞き分けてか、ねこが玄関で待っていてくれる。そして靴を脱ぐやいなや、ねこが尻尾を立てて、顔や身体をズボンの裾に擦りつけて、まとわりついてくる。思わず抱き上げて頬ずりすると、柔らかい毛の感触と、ぬくもりがなんとも心地よく、気づかないうちにあなたは満面の笑みに。ねこも目を細めて、満足そうにゴロゴロと鳴いてくれる。ねこ好きの方にとって、こんな至福のひと時はないのではないでしょうか。ひととおりのスキンシップが済むと、ねこはプイッと、つれない態度に豹変《ひょうへん》して、お気に入りの場所に戻って、何事もなかったかのように寝入ってしまっても、そんなことはどうでもいいのです。ねこが出迎えてくれただけで一日の疲れなど、たとえその日の仕事がうまくいかなかったとしても、すぐに癒されてしまう、そんなパワーをねこは持っています。

またあるいは昼間に街なかを歩いていると、たくましいオスのノラねこが、肩の筋肉を揺らしながら悠々と、路地裏に消えてゆく後ろ姿を見て、その孤高で自信たっぷりの生き様に、何かしらの力をもらったような気分にはなりませんか？

ねこと一緒に暮らすことによって、またノラねこのいる街に住むことによって、わたしたち人間は、知らず知らずのうちに、ねこから多くのものを受け取っています。それは、癒しであったり、明日への活力であったり、さらには、生き方さえも教えてもらっているのかもしれません。ねこの持つこのようなすごい力は、科学的にも証明されています。たとえば、ねこと一緒に暮らすことによって、血圧が下がったり、病気の発症率が下がるなどの効果も報告されています。海外では、ねこや、いぬ、馬、ウサギやモルモットなどの動物たちの力を積極的に利用して、治療などに役立てる「動物介在療法」(Animal Assisted Therapy：ＡＡＴ)が盛んに行われています。日本でも、同様の試みは「アニマルセラピー」とも呼ばれ、獣医師や医師、ボランティアの方々の熱意と努力によって、徐々に広まりつつあります。この章では、ねこのすごい「治癒力」について、紹介いたします。ねこと暮らしているあなたが毎日元気でいられるのも、実はねこのおかげなのかもしれません。

ねこは健康によい？

日本をはじめとする先進国では、ネズミを捕るというねこ本来の役割が、随分と薄れてきています。仕事のなくなったねこたちは、快適な家のなかでエサを食べて、気ままに遊んで、そして好きなだけ眠っているだけの、なんとも羨ましいお気楽な動物のように見えてしまうかもしれません。しかし、ねこは、一緒に暮らしている人間の健康に大変に役立っています。毎日、いぬと散歩に出かける運動量にはかなわないとしても、わたしたちは、ねこの世話をしているだけで、自然と毎日の運動量も増えます。糞の始末や、エサの準備や、遊び、掃除などによって、いろいろな姿勢をとりながら、体中の筋肉を適度に使うことになります。特に普段あまり身体を動かさない方にとっては、ねこの世話は毎日のよい運動になるのではないでしょうか(高齢の方には、負担になることもありますが)。また、ねこは、わたしたちのように時計などを見なくとも、毎日、規則的な生活を送っています。このねこの腹時計によって、毎朝決まった時間に、ねこに起こしてもらっている方もおられることでしょう。一緒に住んでいる人間もそれにあわせて、生活のリズムを維持することができます。それ以外にも、ねこがわたしたちに健康をもたらしてくれるさまざまな事実が、最近の研究によってわかってきています。

ねこを飼うと健康になる?

アメリカのアレン博士らが2002年に発表した研究成果は、大変に興味深いものです。この研究では、いぬやねこを飼っている夫婦と、そうでない夫婦について、あわせて240組もの心拍数や血圧を調べました。その結果、平常時の心拍数と血圧は、いぬやねこを飼っている夫婦のほうが低い値になっていました。「万病のもと」とまでいわれている高血圧から、けなげにも、いぬやねこたちは、一緒に暮らしているわたしたちを守ってくれていたのです。アレン博士らの研究は、これだけではありません。ストレス耐性についても面白い実験をしています。被験者である夫婦たちに、時間制限をつけた計算問題をしてもらって(これを「ストレス」とします)、その時の心拍数や血圧の上昇と、その後の回復時間、さらには計算問題の成績まで比較しました。結果は、驚くべきものでした。いぬやねこと暮らしている夫婦のほうが、ストレス時に心拍数や血圧の上昇も少なく、その後の回復も早く、また、計算問題の間違いも少なかったそうです。職場でも学校でも競争や人間関係といった、何かと大変なことが多く、無理をしがちなストレス社会のなかで、いぬやねこはわたしたちの身体を病気から守ってくれているばかりか、仕事や勉強の成績アップにまで貢献してくれているのです。

その他にも、2007年のドイツのヘディ博士とオーストラリアのグラブカ博士による研究によると、両国の9000人以上を対象に調査したところ、いぬやねこなどのペットを飼っている人のほうが、そうでない人よりも病院への通院回数が少ないとの結果になったそうです。また、別の研究では、ペットと暮らしている人のほうが、急性心筋梗塞にかかった後の生存率が、ペットを飼っていない人と比べて高かったという結果も報告されています。

海外では、ねこを含めたペットと、飼い主の健康の関係性を調べる研究が、1980年頃から現在に至るまで数多く報告されています。それだけ、動物と暮らすことによる健康増進の効果に、海外の人々が強い関心を持っているからなのでしょう。日本でも徐々にその関心が高まっているようです。

ねこは心の病も癒してくれる？

現在のわたしたちの人間社会は、確かに便利になりました。特に大都市では電車に乗るのにもいちいち財布から小銭を出して、切符を買う必要もなくなりましたし、知らない街でもスマホなどのナビ機能で、途中で人に道を尋ねることなく、目的地まで無事に到着できます。また、国内のみならず世界中の欲しいものが、インターネットショップから簡単に注文でき、宅配便で玄関先まで届けてくれます。しかし、その一方で、望んでいなくとも、職場では競争や仕事の効率化を迫られ、またリストラや老後の生活に不安を抱え、ほとんどの人は多くのストレスに押し潰されそうになりながら、毎日の生活をなんとか乗り越えています。人間同士のつながりも希薄になり、たくさんの人が暮らす都会にいながらも、毎日を孤独に寂しく暮らす人も増えてきました。飢えることもなく、便利で物質的には恵まれた社会で生活しながらも、人々は日々、否応なくさまざまなストレスに曝《さら》され、その結果、うつ病などの心の病に悩む人も近年、急増してきています。これは日本のみならず、グローバル化が進みつつある先進国のほとんどが、共通に抱える社会問題です。

ねこはうつ病を治す?

ねこと暮らすことによって、うつ病をはじめとする心の病が改善したという例は、いろいろな文献のなかに見つけることができます。ただし、科学的な実験によって、確かに効果があると認められた研究結果は、まだほとんどありません。

一方、いぬでは、その効果を証明した研究が数多く存在します。これは、心の病を改善させる効果が、ねこには無いということを意味しているわけではありません。アニマルセラピーや動物介在療法の効果を調べる実験では、動物アレルギーの心配が少なく、移動や扱いが容易な、いぬのほうがよく用いられているからであると思われます。確かに、気まぐれで人の命令など聞かないねこは、あまり実験に向いている動物とはいえません。

いぬを使った実験では、心の病を抱える人たちの専門施設にいぬを持ち込んで、ふれ合ったり遊んだり、一緒に暮らしたりすることによって、病状に改善が見られたり、心の病の指標となる物質の、唾液中や血中の濃度が正常値に近づくことが報告されます。この指標となる物質は、コルチゾールやセロトニン、そしてオキシトシンなどです。特にオキシトシンは、最近注目されている物質のひとつで、別名「愛情ホルモン」とも呼ばれています。このオキシトシンは抱擁や愛撫などの刺激によって、脳下垂体から分泌されるホルモンで、母性愛や他人に対する信頼心を高め、恐怖心を和らげるといわれています。また、血圧や心拍数を下げ、血中のストレスホルモンの濃度を下げる効果もあるといわれています。自閉症などの治療にも効果が認められています。スウェーデンのハンドリン博士の実験では、飼い主がいぬを撫《な》でたりいぬに語りかけたりすることによって、飼い主のオキシトシンの血中濃度が上昇するという研究結果を発表しています。また、麻布大学の永澤美保博士らの実験では、飼い主といぬが見つめ合うことによって、双方のオキシトシンの分泌が促進されたとの研究結果が発表されています。

ねこによっては、飼い主から目をじっと見つめられるのを、あまり好まない場合もありますが、身体を撫でたり、抱きしめたりすると、わたしたちの心は癒されれ、リラックスすることができます。いぬほど簡単にはいかないかもしれませんが、いぬで行われたのと同じような実験が、ねこでも行われるようになれば、きっと同様の研究結果になると、ねこを飼っている人なら誰でも確信していると思います。ねこが人間の心の病の改善や、その防止に効果があることが、科学的にも実証されれば、ねこたちは人間社会のなかで、いまよりももっと必要とされる動物であると認知されるでしょう。その結果、殺処分されるねこたちの数も少なくなるかもしれません。この分野の研究者の方々の、今後のご活躍に期待いたしましょう。

社会のなかで活躍するねこたち

「ねこカフェ」という言葉を、いま初めて目にしたという方は、もうほとんどおられないのではないでしょうか？　そのくらい、いまやねこカフェは、ねこ好きの方のみならず一般の方々にも、広く知られる存在となりました。ねこカフェには、老若男女を問わず、さまざまなねこ好きさんが訪れます。特に、ねこと一緒に暮らしたくとも、住環境や仕事、家族などの諸事情によりそれが実現できないお客さんも多いのではないでしょうか。また、仕事帰りに、一日の疲れを癒しにやってくる、ビジネスパーソンも多いように思います。その他、さまざまな事情を抱えたねこ好きさんたちも来店されるようです。

ねこカフェの効能

実は、わたしは大学院生の頃、7年間にも及ぶノラねこの研究の真っ最中に、ねこアレルギーを発症してしまい、一時はかなり重篤化しました。ねこを触った手で自分の顔にふれると目のまわりが腫れ上がり、ねこを飼っているお宅に上がると、鼻水が止まらず、気管も詰まり、ゼーゼーと喉を鳴らして呼吸をするほどでした。そのような状況のなか、ノラねこの調査を続けるのも大変でしたが、それ以上に、自分がもうねことは一生暮らすことができない身体になってしまったことが、わたしにとっては大きなショックでした。花粉症と同じで、一度アレルギーを発症すると、一生治らないともいわれていました。しかし、それからおよそ15年後、ウインドウごしに外から見えるねこに惹かれて、清水の舞台から飛び降りるような気持ちで、とあるねこカフェに入店しました。すると、ねこだらけの部屋にいても、ねこを恐る恐る触ってみても、身体にアレルギー症状が全く現れてこないのです。他のねこカフェに入店しても同じでした。わたしの知らない間にねこアレルギーは治っていたようです。科学的な根拠はありませんが、もしかすると年齢とともに免疫力が落ちて、ねこ由来の抗原に免疫系が過剰に反応しなくなったのかもしれません。ともあれ、ねこアレルギーを克服したわたしは、ねこと一緒に暮らせるようになり、愛猫「ニャーコ」とともに生活しています。これも、ねこカフェのおかげなのです。

保護猫カフェでくつろぐねこ

ねこカフェによっては、飼い主の見つからないねこたちを店員として保護し、また、お客さんのなかに自分の飼いねこにして一緒に暮らしたいという人がいれば、飼い主として適格かどうかの厳正なる審査のあと、そのねこの譲渡が行われるような良心的な店もあります。このような良心的なねこカフェが、全国各地にたくさんできれば、さまざまな事情で飼い主を失い、最悪の場合、殺処分の対象となってしまうねこたちの命を救い、幸せな飼いねことしての余生を保証してあげることができるようになることでしょう。また、自分の余命を考えると、残されるねこが可哀想で、ねこを飼いたくても飼えないという、心優しい高齢の方々も、たくさんおられるようです。ねこカフェは、そのような高齢の方にも、ねことふれ合う癒しの場を与えてくれます。ねこカフェがさらに市民権を得るようになれば、お客さんの層やニーズによっても多様化してくるのではないでしょうか。独身者に出会いの場を演出するようなねこカフェもあれば、ひとり暮らしのお年寄りの方々が集うねこ茶店のような形態の店も、今後、登場してくるかもしれません。しかし、どの場合も、ねこたちにストレスがかからないように考慮してあげるのが最優先となります。

さまざまな場で活躍するねことぃぬ

最近では、高齢者施設や病院、ホスピス、そして学校などの教育の現場にも、ねこやいぬなどの動物が、獣医師などの専門のスタッフとともに訪問したり、あるいは一緒に暮らしたりする試みが、日本の各地で始まっています。このように、いぬやねことふれ合うことによって得られる癒しの効果は、繰り返し述べるまでもありませんが、苦痛の緩和、心身の機能の回復、生活の質(Quality of Life：QOL)の向上、さらには命の大切さを教える教育など、多岐にわたります。特に高齢者施設などでは、これまで会話のなかった入所者同士が、動物を共通の話題にして、会話が弾むようにもなるそうです。また、施設での毎日は、職員から一方的に世話を受ける立場です。しかし、施設内で動物を飼うことによって、入所者が逆に動物たちのエサやりなどの世話をする立場にもなり、自分たちが動物たちに必要とされている存在であることを実感することができます。このことは、高齢者の生き甲斐《がい》にもつながり、日々の施設での生活も、潤いのあるものとなります。

また、学校などの教育の現場にも、動物アレルギーにも配慮しながら、動物たちが専門のスタッフとともに、訪問する機会も増えてきています。子供たちが動物たちとのふれ合いによって、その手触りやぬくもりを肌でじかに感じ、また人間と動物の心臓の鼓動の音を聴くなどして、同じ命のある生き物の大切さを、身体と心で子供たちに直接的に体感してもらうプログラムです。特に、最近の若い世代の人たちは、ゲームやインターネットなどのバーチャルな世界と日常的に接しており、現実の世界の生き物たちを、同じ命あるものとしてとらえられなくなってきているようにも思います。もともとわたしたち日本人は、家のなかのねこだけでなく、敷地のなかではいぬに牛に馬、それにニワトリやウサギなどの家畜とともに暮らしてきました。動物たちが身近に存在するのは、ごくごくあたり前のことでした。しかし現在の都市部の生活環境では、子供たちが動物とふれ合う機会も限られています。学校の現場に動物が訪問することによって、子供たちが動物にふれ合うことは、生き物の命を感覚的に知るうえで、とても貴重な体験となります。その子供たちが将来、大人になった頃には、地球規模の気候変動の問題や、野生動物の絶滅などの問題がますます深刻化していることでしょう。その解決を模索していくには、子供の頃の動物とのふれ合いの経験が大きく役立つことと思います。そう考えると、ますます動物の学校への訪問が今後必要となってくると思われます。

第4章 日本がほこる「ねこ文化」

「はじめに」でも書いていますが、日本人はかなりのねこ好き民族のようです。一般社団法人ペットフード協会の統計によれば、日本のねこの飼育頭数は年々増加の傾向にあり、2017年にいぬの飼育数を抜き、約964万4千頭が飼われています(いぬは約848万9千頭)。また、人口100人あたり(世帯あたりではありません)のねこ飼育頭数は、8匹に近い数になっています。

これは、ペット大国のアメリカやイギリス、フランスには届きませんが、他の先進国並みの高い値です。しかし、日本人がねこ好き民族といわれている理由は、このような数字によるデータからだけではありません。それは、ここ数年のねこブームよりもずっと以前から、生活や文化、そして芸術のなかにまで、深く浸透している日本特有の「ねこ文化」をわたしたちは持っているからです。極東の島国である日本に、エキゾチックな魅力を求めてやってきた外国人が「日本って、なんて素晴らしいんだ!」と感激するのは、日本の伝統的な食べ物や習慣、科学技術、アニメやマンガなどのポップカルチャーだけでなく、間違いなく「ねこ文化」もそのひとつに加えられるでしょう。

わたしたちにとっては、ごくあたり前のことですが、まわりには、何かしら「ねこ」がデザインされたものがあふれています。ちょっとした文具や雑貨などの日用品や小物もそうですし、町ゆく人を少し注意して観察してみれば、ねこがデザインされた衣服や小物を身につけている人が、いたるところで見つかります。少し古い店に入ると、入り口近くには招き猫が置いてあったりもします。それにアニメなどでも、ねこが主役あるいは名わき役として常に活躍しています。懐かしいものも含めて思いつくままに挙げてみても、ドラえもん、タマ（サザエさん）、ジバニャン（妖怪ウォッチ）、ニャース（ポケットモンスター）、ニャンコ先生（いなかっぺ大将）、猫娘（ゲゲゲの鬼太郎）、小鉄（じゃりン子チエ）、ルナ（セーラームーン）、ジジ（魔女の宅急便）、こんなにもたくさんの「ねこキャラ」がアニメのなかに登場しています。そしてそのほとんどが、人間と同じ感情を持ち、人の言葉をしゃべる、擬人化されたねこたちです。来日した外国人観光客は、このような日本の町中にあふれる「ねこ文化」に圧倒され、世界一のねこ好き民族なのでは？　と思うようです。

このような、日本の「ねこ文化」は、ここ数年のねこブームにあわせて、にわかにつくられたものではありません。本章で詳しく述べますが、そのルーツは少なくとも、江戸時代にさかのぼります。幕末から明治のはじめにかけては、空前のねこブームが到来し、さまざまなねこの浮世絵が一世を風靡《ふうび》しました。当時の人気の歌舞伎役者(いまでいうと、ジャニーズ事務所のアイドルのようなものでしょうか)をねこの顔として描き、それを団扇《うちわ》にしたものまで出回っていました。現在のねこブームでも、さすがにその域までには達していません。

この章では、日本に見られるさまざまな「ねこ文化」の紹介と、そのルーツについてお話しいたします。

そもそもねこはいつ、日本にやってきたのか？

ねこは、野生のヤマネコであるリビアヤマネコを、人類が家畜化することにより、現在のねこ（正式和名は「イエネコ」）となりました。ほんの少し前までは、人類とヤマネコが古代エジプトにおいて初めて出会い、家畜化が始まったと考えられていました。しかし、最近の考古学やDNA解析の研究から、人類とヤマネコが関係を持ち始めた時期は、いまからおよそ1万年近くさかのぼることがわかってきました。その場所は、チグリス川とユーフラテス川の流域のメソポタミアの地であると考えられています。狩猟採集の生活からこの肥沃な土地で農耕を始めた人類は、大切な収穫物であり、財産でもある穀物を食い荒らすネズミに、随分と悩まされたことと思われます。そのようななか、近くの荒野に棲むリビアヤマネコが、大好物であるネズミを求めて人間の集落にも現れるようになりました。人間もこの動物の有益さに早くから気づき、集落に自由に出入りすることを許していたと考えられます。多くの家畜は、人間が野生の動物を野山から無理矢理連れてくることによって、家畜化が始まったのに対して、ねこの場合は、むしろ原種であるヤマネコのほうから人間に近づいていった点がとても面白く、ねこが特殊な家畜であることを物語っています。

約3500年前、ねこは古代エジプトで完成した

このように、いまからおよそ1万年前の、ネズミをめぐる利害関係の一致がきっかけとなった人類とリビアヤマネコとの出会いは、「ねこ」への家畜化の始まりとなりました。その後、メソポタミアから、古代エジプトも含めた周辺の地域にも広がっていったと思われます。古代エジプトでは、いまから少なくとも3500年ほど前には、現在の「ねこ」とほぼ同じような体の大きさや形にまで家畜化が進み、性格も人間と一緒に家のなかで暮らせるくらいマイルドになったと思われます。そして、家畜として完成された「ねこ」は、交易などにより、エジプトから世界各地へと広まっていきました。

ここで古代エジプトでのねこの待遇について少しお話しします。古代エジプトにおいて、ねこは神々のひとつとされていました。それは「バステト」と呼ばれ

るねこの姿をした女神です。バステトは繁殖や性愛を司る神として、人々から崇拝されていました。当時は、飼っているねこが死ねば、家族全員が眉をそり落とし、喪に服し、そして遺体はミイラにされて、地下の共同墓地に安置されたといわれています。また、当時はねこを故意に殺すと死罪だったそうです。路上などに死にかけたねこがいたりすると、自分にねこ殺しの罪をかぶせられないように、まわりの人々は一目散にその場から逃げ去ったとのことです。現代の常識からすると、信じがたいような、ねこをめぐる奇妙な習慣の数々が、古代エジプトでは行われていたようです。古代エジプトほどではないかもしれませんが、江戸時代の終わりから明治時代にかけての日本で起こった「大ねこブーム」も、現在のわたしたちにとっては驚くものばかりです。このことについてはのちほど詳述します。

ねこはいつ頃日本に渡ってきたのか？

日本へねこが渡ってきたのは、いまから1200〜1300年前の平安時代の初期の頃、中国から人間によって持ち込まれたといわれていました。日本の書物のなかに、ねこが初めて登場するのは、宇多天皇《うだ》の日記である『寛平御記《かんぴょうぎょき》』で、

889年に書かれたものです。その当時、ねこは「唐猫《からねこ》」と呼ばれ、皇族や貴族たちから大切に扱われていました。いぬのようにヒモでつないで、宮中の屋敷内で飼われることも多かったようです。『源氏物語』のなかには、ねこが登場人物の人生をも変えてしまった有名なシーンがあります。それは、宮中で飼われているねこが関わるちょっとしたアクシデントによって、光源氏の美しい妻である女《おんな》三宮《さんのみや》の姿が、柏木《かしわぎ》という若い男に見られてしまう場面です。それが柏木の恋心に火をつけて、とうとう許されぬ恋へと発展してしまうというお話です。話の結末はともあれ、時代を経るに従ってねこは、高貴な人々の愛玩動物から、ネズミ捕りの名手として、次第に庶民の生活のなかにも広まり、江戸時代には浮世絵を中心とする絵のなかに、ねこはたびたび登場するようになります。

先ほど、ねこが日本に到達したのは平安時代の初期頃と書きましたが、最近の遺跡の発掘による発見から、ねこが日本に入ってきた年代は、さらに古いと考えられています。その発見のひとつは、2007年に兵庫県姫路市の見野《みの》古墳群から発見された陶器片です。須恵器《すえき》と呼ばれるその陶器には、ねこの足跡がついていました。おそらく、当時の工房のようなところで、窯で焼く前の乾燥工程の陶器が、台の上にところ狭しと並べられていたのでしょう。その台の上を、ねこがわずかな踏み場所を探しながらキャットウォークしていたところ、バランスを崩して、まだ柔らかい焼く前の陶器を踏んで、足型を残してしまったものと推測されます。ねこを飼っている方なら、その時の状況とねこのしぐさが容易に想像でき、思わずほほえんでしまうのではないでしょうか。この須恵器のつくられた時代はいまから約１４００年前の飛鳥時代ということですので、これまでの定説よりも、もう少し早い時代にねこが日本に入ってきたことになります。

さらにそれから少し後、今度は長崎県壱岐島《いきのしま》の「カラカミ遺跡」から、ねこのものと思われる骨が見つかりました。放射性炭素年代測定によると、この骨はいまから約２１００年前の弥生時代のものであることが明らかになりました。このねこが当時の人間とどのような関係だったのかは、今後の研究によって明らかになってくると思います。また、これまでの研究からは、中国にねこが入ったのは、いまからおよそ２０００年前と推測されていましたので、このカラカミ遺跡からの発見は、もしかするとねこが世界に広まった経路や年代についての、大幅な見直しにつながるかもしれません。今後の調査や研究結果が楽しみです。

招き猫文化

旅先で、民芸品を扱っている土産物店などに入ると、必ず目にするのが「招き猫」ではないでしょうか。若者向け(?)に全身をピンクや黄金色に色づけされた招き猫もありますし、置物の招き猫だけでなく、キーホルダーや手ぬぐいに描かれたものまで、さまざまな招き猫に出会えるはずです。

招き猫といえば、座った状態のねこが、片手を上げて「おいで、おいで」と招いているのが典型的なポーズなのですが、右か左かのどちらの手を上げているかによって、その意味合いが違います。一般的には、右手を上げている場合は「お金」を呼び込み、左手の場合は「お客」を呼び込むといわれています。両手を上げて、金と客の両方を呼び込もうとする欲張り招き猫さんもたまに見かけます。

昔の店や旅館などでは、商売繁盛を願って、招き猫は店頭などに置かれていました。いまでも、古くからの飲食店や居酒屋などでは、現在のものと比べると大型で少し怖い顔をした、煤《すす》けた招き猫を見かけることがあります。外国人観光客がこのような招き猫を見つけて、そこに置かれている意味を知ると、間違いなく日本のねこ文化の奥深さに驚き、感激することでしょう。招き猫は英語圏ではラッキー・キャットと呼ばれています。

招き猫はいつ生まれた？

この招き猫の起源については諸説あります。江戸が発祥の地というものがほとんどで、浅草の今戸焼《いまどやき》説、世田谷の豪徳寺説、それに新宿の自性院《じしょういん》説。江戸以外にも京都の伏見が起源という説もあります。いまのところ、どこが元祖かは、はっきりとわかっていないようです。そのなかでも今戸焼説が、これまでのところ少し有力のようです。今戸焼の招き猫は、武家屋敷の跡地より出土したものもあり、また、その招き猫が露店にて売られている模様は、歌川広重の浮世絵『浄るり町繁花の図』にも残されています（152ページの絵）。招き猫蒐集家でもあり、猫浮世絵愛好家でもある則武広和《のりたけひろかず》さんによると、1852年に出版されたこの浮世絵は、いまのところ招き猫の存在を証明する一番古い絵画資料のようです。当時の今戸焼の招き猫は、現在の招き猫と同じように、座って右手を上げているもの

歌川広重作　浄るり町繁花の図：左上の店で招き猫
（丸〆猫）が売られている（則武広和氏蔵）

の、体を左に90度近くよじり、左を向いたポーズをとっているものです。また、この招き猫は「丸〆猫」と呼ばれていたようで、この「丸〆」とは「お金を丸儲けする」という意味です。つまり、この丸〆猫を置いて商売すると、お金が儲かるという、庶民のささやかな願いがこの招き猫に込められたのでしょう。則武さんによると、この丸〆猫は江戸で評判を呼び、その人気は流行り唄にも登場するほどの社会現象にもなったそうです。当時の庶民の間で一大ブームをも巻き起こした招き猫は、次第に全国各地へと広まってゆきました。

わたしが北九州の博物館で学芸員をしていた頃、「まるごと猫展」(155ページの写真)という特別展を企画しました。とにかくねこに関するあらゆることを、ネコ科動物の剝製などの標本のみならず、文化や芸術などの分野に及ぶまで、あわせて展示しようというものでした。もちろん、「招き猫」は、この特別展からは外すことのできない、日本のねこ文化を語るうえで、とても重要な展示物でした。月刊『ねこ新聞』(後述)の副編集長である原口美智代さんに、招き猫蒐集家の方のご紹介をお願いしたところ、則武広和さんを紹介してくださいました。則武さんは、長年かけて招き猫を蒐集してこられ、ご自宅に数百匹(体)もの招き猫と暮らしておられます。そのうちの約200体の全国各地の招き猫をお借りして、「まるごと猫展」にて展示しました。

招き猫は現在も進化する日本のねこ文化の象徴

恥ずかしながら、当時のわたしが招き猫について抱いていたイメージといえば、右か左かのどちらかの手をかかげ、お腹には小判を抱いている、典型的な招き猫の姿でした（愛知県の常滑焼がこのタイプです）。しかし、則武さんから送られてきた、全国80カ所からの約200体もの招き猫を目の前にしてみると、その多様さに驚き、同時に自分の無知を恥じることとなりました。全国に広まった招き猫は、その土地の風土や人々の生活、そして文化にあわせてさまざまな形や色彩模様の招き猫へと多様化してゆきました。たとえば、大阪の住吉大社の招き猫「初辰猫《はったつ》」は、裃《かみしも》や紋付羽織を着たねこで、顔つきもどことなく、いぬやキツネに似ているようにも見えます（156ページの写真）。京都の伏見神社のお稲荷さんの影響も受けているのかもしれません。江戸から随分と離れた九州にも招き猫が伝わり、それぞれ独特の形や表情をした招き猫が、九州各地でも誕生しています。たとえ

北九州市立自然史・歴史博物館にて開催された「まるごと猫展」

ば、福岡では津屋崎人形、赤坂土人形、佐賀の弓野人形、長崎の古賀人形、大分の日出人形の招き猫などです。面白いのは、十字架を胸に掲げたバテレン風の長崎産の招き猫（157ページの写真）。しかし、左手には大きな鯛を持っています。また、最近の町おこしで誕生した、福岡県宮若市の「追い出し猫」は、一体の招き猫の表と裏に、別々のねこが描かれています。片面は従来の招き猫と同じく、幸運を招き入れるものですが、もう片面には悪運や不景気を「追い出す」怖い顔のねこが描かれています。悪を追い出して福を招き入れる、まるで節分の豆まきのような招き猫です。町おこしのための

大阪府・住吉大社の「初辰猫」(則武広和氏蔵)

奇策(?・)とはいえ、時代にあわせて新しい招き猫が次々と登場するのも、招き猫が過去のものではなく、現在も生き続けている日本の文化であることを示すひとつの証拠です。

招き猫は、土(粘土)を型にはめて焼き締めた、いわゆる土人形のものだけでなく、紙(和紙)を貼り重ねてつくられる、いわゆる張り子のものもあります。昔から養蚕の盛んな群馬県では、高崎張り子と呼ばれる招き猫が有名です。形もボウリングのピンのようで、紙でできているためか大型のものも多く、顔のヒゲもかなり強調されて太く長く描かれており、他の地方の招き猫に比べると少し怖い顔つきのようにも見えます。もしかしたら、養蚕の盛んな群馬の地では、カイコを襲うネズミ除けとして、この招き猫が使われたのかもしれません。この地域ではネズミ除けの本物のねこが不足して、ねこを描いた「猫絵」を壁に貼ってネズミ除けにしていたくらいですから、生糸の産地という土地柄と深く結びついた、独特の招き猫の役割があったとしても不思議ではありません。

招き猫は、広まった先々の地域の人々の、想いや願いが強く反映されているものもあります。そのひとつの例が、東北地方の招き猫です。特に、岩手県花巻地方の招き猫などは、身体中に色とりどりの花柄模様が描かれています。描かれているのは朝顔やひまわりといった夏の花ではなく、梅や桜やリンゴなどの、春の訪れと同時に咲き乱れる花々

バテレン風の長崎の招き猫
（則武広和氏蔵）

です。招き猫蒐集家の則武さんによりますと、春の遅いこの北の土地では、人々の春の訪れを待ちわびる想いが、招き猫に現れているのでは、とのことでした。

また、東北地方の少し古い招き猫には、ナマズを踏みつけているものもあります。ナマズが暴れることによって地震が起きると信じられていた時代、ナマズの動きを封じることによって、地震を防ぐことができると考えられていたのでしょう。

東北地方ではこれまでに、数十年から数百年の周期で大地震が起こっています。特に三陸海岸などの海岸沿いの地域では、東日本大震災でもそうだったように、津波によって多くの尊い人命が失われてきました。この地方の人々は、いつ起こるかもしれない地震に対して、今も昔も常に不安を抱きながら生活してきました。家族をはじめ大切な人の安全を願う気持ちを込めて、招き猫にナマズを踏みつけさせているのだと思います。このように日本各地に広まった招き猫には、金運や招福の願いだけでなく、それぞれの土地に暮らす人々の切実な想いや願いまでもが込められています。世界広しとはいえ、招き猫のように人々の生活と密接に結びついたねこ文化が、ひとつの国のいたるところで見られるのは、日本だけではないでしょうか。我が国に独特の招き猫文化の存在は、わたしたち日本人にとって、ねこが単なる身近な動物としてではなく、いかに人々から愛される大切な存在であったかを示す、説得力のある証拠だと思います。海外の人たちが招き猫に興味を持つのも、当然なのかもしれません。

ねこブームは、昔からあった!

現在は空前のねこブームともいわれています。テレビをつければ、たくさんのCMにねこが出演し、ねこをテーマにしたテレビ番組が毎週のように放映されています。書店に行ってみると、毎月のように新刊のねこ写真集やねこ本が発行され、「ねこコーナー」に平積みにされています。少し前までは、大都市にしかなかったねこカフェも、最近では地方都市でも普通に見かけるようになりました。また、各地のデパートでは、写真家の岩合光昭さんの作品をはじめとする、ねこの写真展が女性客を中心に大変なにぎわいをみせています。ここ数年は、美術館や博物館の業界でも、ねこの絵画や浮世絵を中心に展示するいわゆる「ねこ展」が各地で企画され、どこでも大ヒットし、これまでの入館者数記録を更新する館もあるほどです。

江戸時代にも現在のような「ねこブーム」があった?

個人的にも、ねこブームの到来を感じることがあります。それは、わたしのノラねこの研究に対する、一般の方々からの反応の変化です。20年ほど前は、ノラねこを研究しているなどと人前で話そうものなら、変人扱いをされたものでした。よほどねこが好きな変わり者か、ヒマを持て余した気楽な大学院生とでも思われていたようでした。なかには、「そんなことをして、何か人の役にでも立つの？」と少し皮肉っぽくいう人もいました。ノラねこは、シカやクマ、キツネといった野生動物ではありませんし、かといって牛や豚、羊などの典型的な家畜とも少し違います。どちらにも属さない、中途半端な動物と思われてしまえばそれまでで、ノラねこの研究が一般の人から受け入れられなくても、それは仕方がないことと諦めておりました。しかし、この10年ほどの間に、少しずつ潮の流れが変わってきたように思います。わたしのノラねこの研究内容や、その成果について、新聞社やテレビ局、出版社などからの問い合わせが次第に増えてきました。また、ノラねこを研究することに対しても、「あら、楽しそう！」とか「わたしもやってみたい！」などと、反応も随分と好意的なものへと変わってきています。これも、最近のねこブームのおかげなのでしょう。しかし、社会現象にまでなっている現在のねこブームは、何もいまに始まったことではないようです。少なくとも江戸時代には、現在のねこブームをはるかに凌ぐような、大ねこブームがあったようです。

かつては貴族や高貴な人たちの愛玩動物であったねこは、時代が進むにつれてネズミを退治してくれる有益な動物として、次第に庶民にも広まりました。そして、江戸時代になると、浮世絵のなかの風景のひとつとして、ねこが描かれるようになります。このことから、この頃にはすでに庶民の生活のなかに、ねこは普通に溶け込んでいたことがわかります。江戸時代も後期に入ると、それまで風景のひとつであったねこが、浮世絵の主役に躍り出ます。特に歌川国芳などは、まさに「ねこづくし」ともいえるような浮世絵を、いくつも世に出しています。たとえば、東海道五十三次の各宿場名を、描かれたねこのしぐさで語呂合わせした『猫飼好《みょうかいこう》五十三疋《びき》』をはじめ、ねこに着物を着せて擬人化し、さまざまなポーズをとらせてみたり、ねこの身体を使って「なまず」や「かつを(お)」、「た古(こ)」などの文字をつくってみたりと、自由な発想と遊び心があふれる浮世絵を発表しています(163ページの絵)。このような面白すぎるねこの浮世絵を次々と世に

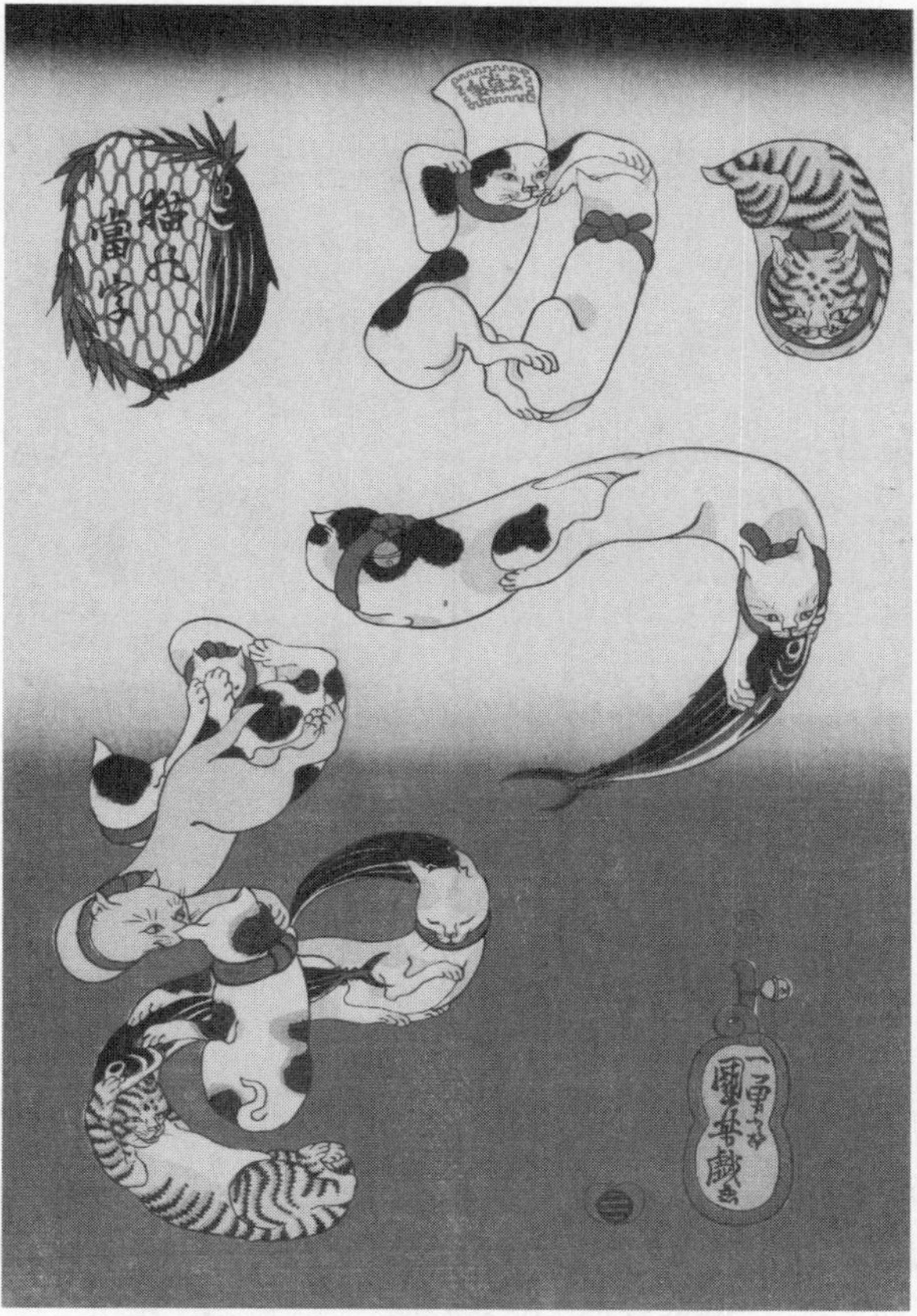

歌川国芳作　猫の当て字「かつお(を)」(則武広和氏蔵)

出すことができたのは、もちろん作者である国芳自身が無類のねこ好きだったことにもよりますが、何よりも、たくさんの江戸の庶民たちが、これらのねこの浮世絵を喜んで買ったからです。いつの時代も、売れない本はつくられません。このことからも、当時の人々は、現在のわたしたちが想像する以上にねこ好きで、ねこブームの真っただ中にいたことがうかがい知れます。

さらに、国芳の作品のなかには、当時の人気歌舞伎役者たちの顔を、ねこの顔に模した絵を、団扇にしたものまであります。当時の歌舞伎役者といえば、現在のアイドルのようなもの。人気グループのコンサートなどでは、そのアイドルの写真を貼った団扇をつくって、会場に持っていくそうです(うちの娘も、コンサート前にせっせとつくっていました)。しかし、そのファンがいくらねこ好きであったとしても、アイドルの顔をねこの顔にした団扇を持っていくことなどはあり得ません。当時は天保の改革などにより贅沢が禁じられ、歌舞伎役者の浮世絵は禁止されていたそうです。それならその代わりとして、なぜ身近な存在であった「いぬ」の顔や、顔形が人間に近い「さる」の顔にはせずに、「ねこ」の顔にしたのでしょうか。江戸時代の歌舞伎役者のファンの間で、ねこ顔にした役者の団扇が出回っていたところに、現在の「ねこブーム」とはとても比べることができない当時の熱狂ぶりを、わたしたちは垣間みることができます。

ねこの着せ替え人形

幕末から明治の初めにかけても、このねこブームは続きます。この時代になると、子供向けの「玩具絵《おもちゃえ》」といった、双六や、切り抜いて遊ぶメンコやカルタ、紙模型、それに着せ替えというものもありました。いまのようにゲームなどない時代、子供たちは手先と想像力を最大限に使って、工夫しながら楽しく遊んでいました。その玩具絵のなかには、ねこを擬人化したものも多く見られます。なかでも、ねこの全身姿とさまざまな衣装を切り抜いて遊ぶ着せ替えは、現代のわたしたちには「なぜ、人の人形ではなく、ねこなんだろう?」とも思えます(166ページの絵)。当時の人々にとって、ねこの着せ替えは、全く違和感がなかったのかもしれません。それほど、ねこは当時の人々にとって、身近で特別に愛すべき動物だったのでしょう。幕末前後の空前のねこブームによって、ねこは日本の文化のなかにさらに深く刻み込まれ、現在に至っているものと思われます。海外

大新板猫のいしよう付：ねこのおもちゃ絵　着せ替え人形（則武広和氏蔵）

からの旅行者が、日本のねこ文化に惹かれるのは、これが単なる一過性のブームなどではなく、時間をかけて熟成された本物の文化であることを、鋭く見抜いているからなのだと思います。わたしたちは誇るべきこの日本のねこ文化を、もっと自信をもって海外に向けて発信してもいいのかもしれません。

現代の「ねこ事師《ごとし》たち」

世界に誇る日本のねこ文化は、時代から時代へと継承されていくのと同時に、それぞれの時代の人々の活動によって、磨かれそしてさらなる発展をとげてきました。招き猫などはその好例です。古くからの招き猫のフォルムを大切にしながらも、現代作家によって、これまでにない斬新なデザインの招き猫も続々と誕生し、これからの世代の人たちにも「招き猫」が受け継がれています。また、ねこに関する資料を蒐集し、それを個人の楽しみにとどめずに、広く一般に普及させる活動をされる方もたくさんおられます。ここでは、ねこをこよなく愛しながら、我が国のねこ文化の発展に寄与する人たちの活動を、少しページを割いて紹介したいと思います。

招き猫、浮世絵、猫本、猫雑貨……ねこ文化を伝える人たち

招き猫のところでも紹介いたしましたが、名古屋市在住の猫浮世絵愛好家の則武広和さんは、招き猫と浮世絵の蒐集家です。招き猫は、北は北海道から南は沖縄まで新旧を交え、およそ４００体を、そして浮世絵も、歌川国芳のものを中心に３００枚を、25年もかけて蒐集されています。則武さんの招き猫はご自宅のリビングに並べられています。「まるごと猫展」にて展示する招き猫をお借りするために、則武さんのご自宅を訪問させていただきましたが、古いものも含め４００体もの招き猫に見つめられながら生活するのは、よほどのねこ好きでなければできないと思いました。常に招き猫たちの視線を感じるからです。則武さんは、ここ数年の美術館や博物館の「ねこ展」ブームの火付け役のような方です。蒐集された浮世絵や招き猫を惜しげもなく展示会に貸し出し、これまでに東京の太田記念美術館での「浮世絵猫百景」（２０１２年）、北九州市立自然史・歴史博物館での「まるごと猫展」（２０１４年）、栃木県の那珂川町《なかがわまち》馬頭《ばとう》広重美術館での「福を招く！猫じゃ猫じゃ展」（２０１４年）、そして名古屋市博物館での「いつだって猫展」（２０１５年）などが開催され、いずれの展示会でも記録的な大成功を収めました。則武さんの招き猫や浮世絵のなかのねこたちは、日本のねこ文化の素晴らしさを、多くの現代人に伝えることに成功しています。今後も、美術館や博物館業界での「ねこ展」ブームは続くことと思います。

福岡在住の大久保京《みやこ》さんは、日本初の猫本専門のインターネット書店「書肆《しょし》吾輩堂《わがはいどう》」を、2013年の「ねこの日」(2月22日)に開業されました。これまでに旅行会社のツアーコンダクター、美術館の学芸員、NPO法人スタッフなど、さまざまな業種を経験されてきた大久保さんなのですが、いきなり猫本専門ショップを起業しようと思われた理由は、猫本を蒐集するうえで、専門店がないことにつくづく不便を感じていたからだそうです。それならば自分で！　と猫本屋をつくってしまったそうです。そうはいっても、開業まではなかなか大変だったようで、地元の古書組合に入ったり、古書と猫雑貨を海外まで買いつけに行ったりと、そのいきさつは『猫本屋はじめました』(洋泉社)に、ユーモアあふれる文章で、詳しく述べられています。とても面白い本です。現在、蒐集した猫本は4千冊にもなり、ネットショップにて世界の猫雑貨とともに販売中です。猫本好きの方は一度「書肆 吾輩堂」のサイトを訪ねてみてはいかがでしょうか?(https://wagahaido.com)(現在はネットショップだけではなく、福岡で実店舗も営業されています)

絵画、イラスト、新聞……ねこ文化に貢献する人たち

ねこの絵画やイラスト、それにマンガは、現代も多くの作家によって描かれています。写真かと思ってしまうほど正確な描写のものから、本当にこれはねこなのかと疑いたくなるほど、崩して描かれたねこの絵もあれば、ねこのねこたる特徴をバッチリととらえて、本物のねこよりもねこらしいイラストなどもあります。個人的な好みの話で恐縮ですが、わたしがこれまで見てきた現代作家さんのねこの絵のなかで一番好きなのは、宮崎県出身の木村道子さんの作品です。木村さんのねこの絵は、同じ人が描いたと思えないほど、絵のタッチが作品ごとに全く異なるのですが、どの作品もねこの特徴を外していません。そしてどの作品からも、ねこをとことん愛する木村さんの優しさのようなものがにじみ出ていて、ホッとするのです（現在は、イタリアで芸術活動中です）。また、マンガでは、永尾まるさんの『猫絵十兵衛御伽草紙』が出色の作品だと思います。お話の舞台は江戸時代の後期、江戸の町でネズミ除けの猫絵を売り歩く絵師の「十兵衛」と、猫又でもある、遺伝的に珍しいオスの三毛ねこ「ニタ」がおりなす、心温まる魅力的なス

トーリーです。このマンガには、当時の庶民とねこが、貧しいながらも仲よく暮らす様子が描かれており、日本でねこ文化が発展してきた背景がよくわかります。

そして、最後にご紹介するのは、前述したねことねこ文学、ねこ芸術を扱った月刊『ねこ新聞』です。「ねこがゆっくり眠りながら暮らせる国は平和な心の富む国」との「富国強猫」論をかかげる原口緑郎《りょくろう》さんによって、1994年の7月に、創刊されました。現在のねこブームが到来するずっと以前のことです。タブロイド版のこの新聞は、企業広告の一切を排し、寄稿者は各界の著名人ばかりの、一切の妥協を許さない超硬派なねこ専門誌です。決して何者にも媚びず、優美で気ままで、そしてミステリアスなところは、ねこの性格そのままなのです。現存するねこの月刊誌としては最長老ですが、これまでの軌跡は決して平坦なものではありませんでした。創刊して1年も経たないうちに、原口編集長が脳出血で倒れ、休刊となってしまいました。原口さんは後遺症が残り車いす生活となりますが、多くの旧購読者の要望もあり、妻の原口美智代さんが副編集長となり、休刊から約6年後に奇跡の復刊を果たしたのです。そして、2016年の10月に、めでたく通算200号記念(創刊22周年)を迎えることになります。利益を全く度外視して、ねこの文学や芸術を発信し続けている『ねこ新聞』が、日本のねこ文化の継承と発展に大きな功績を残してきたことは、いうまでもありません。おそらく100年後には、伝説のねこ雑誌として、未来のねこ好きの間で語り継がれていることでしょう。

ここでは、わたしの個人的な好みや思い入れで何名かの方を紹介しましたが、もちろん日本にはまだまだたくさんの非凡な「ねこ事師たち」がおられます。この方々の、これまでの功績と、今後の活躍が日本のねこ文化をさらに盛り上げてくれることでしょう。

第5章

人とねことの
共存社会に向けて

第4章では、素晴らしき日本のねこ文化について述べてきました。しかし、その誇るべき文化を受け継ぐ、現在のわたしたち日本人が、どうしても解決しなくてはならない問題があります。それは、日本におけるねこの殺処分です。心あるボランティアの方々の、額に汗した地域猫活動や譲渡活動、それに行政職員の方々のバックアップにより、年々右肩下がりとはいえ、それでも年間約2万7000匹のねこが殺処分されるのは、やはり異常な事態です。世界が注目するねこ文化大国の日本としては、このように非常に多くのねこが不幸になるようなことは、あってはならないことです。

この章では、人とねこがひとつの社会のなかで、どのように共存してゆけばよいのか、問題点とその原因、そして解決策について、さまざまな角度から考えてみようと思います。ねこの問題といわれているものの多くは、実はねこそのものに原因があるわけではありません。突き詰めてゆくと、どの問題も、原因のほとんどは、わたしたち人間の側にあります。

現代のわたしたちの生活は、一昔前からは想像できないほど、便利で快適なものになりました。しかし、その一方で、地域社会の衰退や極度の高齢社会、社会的格差や貧困などの社会の歪みが、さまざまな問題に形を変えて、わたしたちのまわりに噴出しています。この章で詳しく述べますが、実はねこをめぐる問題も、これらと同じ社会の歪みから生じたものと思われます。ねこの問題の根本的な解決を目指そうとすれば、人間社会の深部にも目を向けることは避けられません。これは、一朝一夕で解決できる問題ではありませんが、多くの人たちがその問題を意識し、日頃の生活を少し変えるだけでも、状況は随分と変わってゆくのかもしれません。

不幸な飼いねこをどうやって減らすのか

環境省のウェブサイトによりますと、令和元年度（2019年度）の我が国における ねこの殺処分数は、およそ2万7000匹にも上ります。この殺処分数は、年々減少の傾向にあり、5年前に比べると約3分の1、10年前の約6分の1にもなっています。これは、各地のボランティアや行政の職員の方々による、地域猫活動や譲渡会、そして啓蒙活動などの大変なご苦労とご努力が実りつつあるものであると思います。しかしそれでもなお、平成30年度には約3万匹ものねこたちが、人間社会のなかでの不要な〝物〟として、合法的に殺処分されている現実があります。

行政施設などに引き取られるねこのうち、およそ4分の1が、飼い主などによって持ち込まれたものです。突然の転勤による引っ越しや、予期せぬ家庭の事情によって飼うことができなくなった場合、子ねこが生まれてしまって引き取り手がない場合、また飼い主であるひとり暮らしの高齢者が亡くなってしまった場合など、飼い猫の殺処分が依頼される事情はさまざまです。なかには、衝動買いにも似た軽い気持ちで、ペットショップで子ねこを購入し、ねこと暮らしてみて、自分のイメージと違ったからといって、あるいは飽きてしまったからといって、行政施設に殺処分を依頼する人もまれにいるようです。このようなケースは、ねこの命をもてあそんでいるとしか思えません。

ねこを飼うには「覚悟」が必要

どのような動物を飼う場合もそうですが、その動物が天寿を全うするまで飼うこと(終生飼養)が原則です。ペットフードの質が向上し、予防も含めた医療技術が格段に進歩した現在、飼いねこの平均寿命は15歳くらいになっています。人間の赤ん坊が高校生になるくらいまでは、普通に生きるのです。また、最近は人間の医療保険のような、民間のペット保険などがあるとはいえ、予防接種の注射代も含めて、けがや病気をした時の治療費はかなり高額となります。人間の医療費よりもお金がかかる場合さえあります。さらに、ねこにはそれぞれ持って生まれた性格や個性がありますので、なかなか思い描くような理想のねこには育たないものです。それはねこに限らず、人間の子供も同様ですので、あまり過度の期待をかけないことです。それよりも、そのねこの個性をひとつずつ発見して、そのよさを認めて一緒に暮らすことを楽しむほうが、お互いに幸せな共同生活が送れます。また、ねこは鋭いツメを持っていますので、いくら躾《しつけ》がうまくいっても多少なりとも必ず家具や壁を傷つけることは、想定しておかなければなりません。以上のねこの性質をよく理解し、それでも飼いたいという覚悟ができなければ、ねこを飼うべきではありません。多くのねこの譲渡会で行われているように、ねこを販売するペットショップでも、そのことを購入希望者に正しく伝えるべきです。そうはいっても、ほとんどの販売店では利益優先となるのはあたり前ですので、ねこを飼う前に講習会の受講を義務づける法律か、あるいは飼い主の適性を審査するシステムなども将来は必要になってくるでしょう。

高齢者がねこを飼うためにしておくこと

飼いねこは平均15歳まで生きますので、ひとり暮らしの高齢の方たちは、自分のほうが先に亡くなってしまうことを心配して、ねこを飼うのを思いとどまる方も多いと思います。ねこのことを本当に愛している人ほど、残されたねこのことを考えて、泣く泣く飼うのを諦めてしまうことが多いのではないでしょうか。第3章でも述べましたように、ひとり暮らしの高齢の方こそ、日々の暮らしに張り合いと生き甲斐を与えてくれる、ねこやいぬなどと暮らすべきなのです。ねこを本当に必要としている人が、ねこを飼うことができないという、この問題をどのように解決していくのか、これがひとり暮らしの高齢者がこれからますます増える、極度の高齢社会目前の、我が国の課題のひとつでもあります。高齢者向けのねこカフェをたくさんつくるのもいいでしょう。それ以外にも、飼い主が病気をしたり、ねこより先に亡くなったりした時のことを考えて、そのねこの将来の養育費をあらかじめ第三者に信託して、資金を管理するシステムがあります。これは、福岡在住の行政書士である服部薫さんが日本で最初に始めた「ペット信託Ⓡ」です。この信託の契約により、飼い主の死亡後も、ねこは信頼できる人のもとで、天寿を全うするまで世話をしてもらえます。高齢者でもこのような信託を行うことによって、将来のことも心配することなく、ねことの幸せな生活を送れるようになります。法律による規制だけでなく、このようなさまざまな新しいシステムによって、飼いねこの殺処分が減少し、また高齢の方でも安心してねこと暮らせる社会が実現できると思います。

殺処分されるノラねこを減らすには

行政施設によって引き取られるねこのうち、約8割が飼い主のいないねこ、つまりノラねこです。そして引き取られるノラねこの、約8割が子ねことなります。なぜ、これほどまでに、ノラねこの子供が生まれるのでしょうか？　それは、住民の方々による、ノラねこへの過剰なエサやりが原因となっています。

人は誰しも動物にエサを与えて、それを美味しそうに食べるしぐさに幸福を感じます。動物園でも水族館でも、動物にエサを与えるコーナーは、子供たちに大人気で、常に順番を待つ列ができています。わたしも子供の頃には、休日になれば親にねだって、近くの神戸市立王子動物園によく連れていってもらいました。そして、動物園での一番の楽しみといえば、オットセイにイワシを投げ与えることでした。オットセイはイワシを持ったわたしの一挙一動に注目して、時には大きな叫び声を上げてエサをねだり、そしてわたしの投げたイワシを見事にキャッチして、美味しそうに食べてくれるのです。親にたよらなければ生きてゆけない子供のわたしが、大好きな動物たちからたよられているという感覚が、たまらなく嬉しかったからだと思います。心理学で言うところの承認欲求が満たされたからなのかもしれません。お腹をすかせたノラねこが、エサをねだりにやってきて、じっと見つめられれば、エサをやりたくなるのは自然な感情なのかもしれません。それが痩せこけた哀れな姿のノラねこであれば、なおさらです。美味しそうに餌を食べるノラねこの姿に、そして、か弱きものから頼りにされている自分自身の存在に、心から満足するのです。

安易なエサやりはやめよう

しかし、エサを求めて現れるノラねこに、毎日のようにエサを与えていると、ノラねこもそれをあてにして生活するようになります。エサを与えるほうも、それが日課のようにもなり、次第にやめられなくなってきます。ねこが求めるままに、毎日過剰なエサを与え続ければ、最初は痩せていたねこは、みるみる栄養状態がよくなります。そのねこが不妊処置をされてない健康なメスねこであれば、まるまると太る前に高い確率で子供を産みます。古代エジプトでは、繁殖を司る女神とされていたほどですから、栄養状態がよくなったメスねこは、余剰なエネルギーをすべて繁殖のために使うのです。エサをねだりに来ていたメスねこが子供を産み、そのうちにかわいい子ねこを連れてくれば、さらにエサやりは加速します。この子ねこたちを、わたしが守ってあげなくてはと、与えるエサの量も増えていきます。スーパーでもコンビニでも、誰でも手軽に入手できる安価なキャットフードの存在は、その習慣に拍車をかけます。ここまでくると、エサやりはその方にとって、生き甲斐のようになってしまいます。あとで述べますが、一日のほとんどを自宅で過ごすことの多い、ひとり暮らしのご高齢の方々が、このようなケースに陥りやすいようです。小さかった子ねこも、毎日のエサやりによって、みるみる成長し、メスねこであれば1年を待たずして繁殖を開始します。母ねこも栄養状態がよければ年に複数回、繁殖することもあります。そして、娘に加え孫娘まで繁殖するようになれば、エサやりを開始してほんの数年の間に、爆発的にノラねこが増えます。もうその頃には、ご近所からのねこの糞尿のニオイなどへの苦情も絶えず、地域社会から孤立してしまうケースさえあります。そして、最終的には、たくさんの子ねこを含めたノラねこたちは、殺処分の対象にならざるを得なくなってしまいます。殺処分を免れた場合でも、結果は同じことです。日ごとに増え続けるノラねこたちのエサをまかなうには、いつかは経済的な限界がきます。エサが足りなくなれば、弱い子ねこから餓死してゆきます。このように、やせ細ったノラねこを助けようと、生き物に対する優しい気持ちから始まったエサやりが、結局のところ多くの子ねこたちの命を無駄に奪ってしまう、皮肉な結果になってしまう場合が多々あります。ノラねこたちの命だけでなく、近隣住民や家族、殺処分を担当する職員、そして本人をも巻き込んだ悲劇は、全国各地で繰り返されています。

高齢者のノラねこへのエサやりを防ぐには

わたしが街のなかで調査した限りでは、過剰なエサやりをしてしまうのは、ひとり暮らしの方、特に高齢の方が多いように思います。ひとり暮らしをされていても、外で仕事をしていたり、友達と会って一緒にお茶を飲んだり、遊びに行ったりしているうちはいいのですが、病気がちになったり、足腰が衰えてきたりすると、どうしても家のなかに閉じこもりがちになってきます。買い物以外は外出せず、昔の友人も同様の理由で訪ねてくることもあまりなくなり、ひとりでテレビを見ながら一日じゅう家のなかで過ごす寂しい毎日。そんな時に、ノラねこがエサを求めて訪ねてくれば、エサをあげてしまうのは無理もないことなのかもしれません。ノラねこにとっても、いつ行ってもエサがもらえる場所ほど、魅力的なところはありません。お腹がへると、毎日のように、その高齢者のお宅に通うようになるでしょう。高齢の方も、ノラねこが来るのを、いまかいまかと、美味しいエサを準備して待つようになります。自分の用意したエサを美味しそうにノラねこが食べる姿に、日頃の寂しさも癒され、エサやりに生き甲斐さえ感じるようになっても、おかしくはありません。似たようなお話の絵本があります。それは、ルース・エインズワース作(絵:山内ふじ江、訳:荒このみ)の『黒ねこのおきゃくさま』(福音館書店、1999年)です。絵本のあらすじは、雪の積もった冷え込んだ夜に、痩せこけた1匹の黒ねこが、ひとり暮らしのおじいさんのもとを訪ねます。心優しいおじいさんは、その日の夕食として楽しみにとっておいた、ミルクやパン、そして肉を、黒ねこがほしがるままに、すべてあげてしまいます。おじいさんは空腹のまま、でも心は満たされて、寒い部屋で黒ねことともに床につきます。そして、翌朝、信じられない奇跡が！　という、感動の物語です。お子さんだけではなく、ねこに関わる大人の方にも、是非この絵本を読んで頂きたいと、個人的には思います。高齢の方が行うエサやりを考えるうえでも、多くの示唆に富んだ絵本でもあるからです。

しかし、現実の社会では、この絵本のように、ハッピーエンドとはいきません。エサを与えていたノラねこが、不妊処置をされていないメスねこであった場合、そして、エサやりがどんどんエスカレートしていった場合、先ほど述べたように悲しい結末が待ち受けています。最初は生き物を慈しむ、優しい気持ちで始めたエサやりが、結果的にこのような悲劇を生んでしまうのは、本当にやるせない想いがします。けれども、ねこの殺処分を減らすという目的のために、過剰なエサやりを行う方々を頭ごなしに非難したり、行政などからの指導によって、エサやりを単に禁止したりするだけで、すべてがうまく解決するのでしょうか？　わたしは、それでは根本的な解決にならないように思います。結局は形を変えた別の問題として、社会のどこかで噴出するだけだと思います。なぜ、ひとり暮らしの高齢の方が、あるいは地域社会から孤立してしまった方が、そうせざるを得ないのか、これを社会全体の問題としてとらえて、社会的な背景にまで踏み込んだ、解決策を模索する必要があるように思います。もし、高齢の方が、昔の大家族のように、子供や孫に囲まれて、にぎやかに一緒に暮らしていれば、このようなことにはならなかったでしょう。また、ひとり暮らしで、日々の生活に寂しさや疎外感を感じている方に対して、ご近所の方々が、常日頃から優しく声をかけてあげて、たまには一緒にお茶を飲んで世間話するなど、温かく見守ってあげていれば、過剰なエサやりへとエスカレートすることも、なかったのかもしれません。

仕事や住居を含めて、人生の価値観が多様化してきているなか、昔のような大家族としてにぎやかに暮らすことは無理としても、お互いが支え合う地域社会を取り戻すことは、可能であると思います。地域社会のなかで、お互いに隣人のことを思いやり、ひとり暮らしの高齢や単身の方々を孤立させず、さらには地域のなかで、何らかの役割や生き甲斐を見つけることができれば、ねこへの過剰なエサやりによる悲劇は、減少するように思います。また同時に、誰でも簡単に入手できる安価なキャットフードのあり方も、今後少し考えてゆく必要があるようにも思います。

不幸なねこをなくし、人とねことのよりよい共存社会を築くには、まずは寂しい思いをしている人や、社会から孤立した人を、地域社会のなかにつくらないようにすることだと思います。少し回り道とはなりますが、これがノラねこの殺処分を減らす根本的な解決につながるのではないでしょうか。同時にこれは、今後わたしたちが直面する、極度の高齢社会がはらむ、さまざまな問題の解決にもつながる、共通の方法でもあると思います。

各地に広がる地域猫活動

街のなかで繰り返されるねこへの過剰なエサやりと、殺処分、そして糞尿のニオイによる苦情など、この解決に向けての試みのひとつは地域猫活動と呼ばれるものです。地域猫活動は、１９９７年に横浜市磯子区の住民によって始まった活動で、地域に棲むノラねこに不妊去勢手術をほどこし、これ以上ノラねこの数が増えないようにする活動です。さらに、不妊去勢されたノラねこ（地域猫）たちのエサやりや、糞の後始末などの世話や管理を、地域のボランティアの人たちが中心になって行うというものです。理想的には、一代限りの地域猫が天寿を全うし、その地域でのノラねこの数をゼロに近づけることを目指しています。この地域猫活動は、全国にも広がり、最近では動物愛護団体が、各地の獣医師や行政と協力しながら活発に活動している例が全国各地で見られます。また、費用のかかるノラねこの不妊去勢の手術費用の一部を、助成してくれる自治体も大都市を中心に増えてきています（犬・猫の引取り手数料及び不妊・去勢手術助成金を交付する自治

住民が管理する地域猫

体のリストhttps://www.env.go.jp/nature/dobutsu/aigo/2_data/statistics/files/r02/3_3.pdf 令和2年3月時点)

ネットワークで強まる各地の地域猫団体

この10年ほどで、ねこの殺処分数が減少してきているのは、この地域猫活動に携わる市民の方々のご尽力によるところが、とても大きいと思います。また、地域猫活動を実施する過程で、地域の住民同士のつながりが生まれる上、それ自体が飼いねこやノラねこの啓蒙活動にもつながります。しかし、一方では、地域によってはその効果が目に見える形で表れないところもありますし、住人同士の思わぬトラブルを招いてしまう場合もあります。地域猫活動の発案者でもあり、元横浜市役所の獣医師である黒澤泰さんのご講演をお聞きする機会がありました。そのなかで黒澤さんは、ある地域で成功したからといって、同じ方法で別の地域でもうまくいくとは限らない、ということをおっしゃっていました。各地の地域猫活動を実施している団体が、孤立せずに、お互いにノウハウや情報を共有してつながってゆけば、さまざまな壁を乗り越えてゆけるように思います。何より、志を同じくする人たちが、全国でがんばっていると思うと、大きな励みになるのではないでしょうか。

２０１４年の11月に、中島由美子さんが代表の「長崎の町ねこ調査隊塾」が主催となって、「町ねこサミットin 長崎」という会合が開かれました。「町ねこ」とは、町を歩いていて見かけるねこ、つまりノラねこや飼いねこのことを指します。サミットには、東京や福岡からも演者が呼ばれ、わたしも人とねこの共存社会についての講演をさせていただきました。その後の懇親会の席で、福岡の獣医師である門司慶子さんや、長崎市の獣医師の方と、ノラねこの不妊去勢についての、本音トークを行いました。わたし自身、生物学者でもありますし、野生動物のように自由に生きている相島のノラねこを、研究対象にしてきたからなのでしょう、生き物の繁殖能力を一方的に奪ってしまう不妊去勢措置については、現状では仕方がないとは思いつつも、実は心のどこかではいつも引っかかっていました。地域猫活動は、ノラねこの不妊去勢手術が前提となっています。酔いに任せて、門司さんや他の獣医師の方に、ノラねこへの不妊去勢手術についてのわたしの想いをぶつけてみました。すると門司さんは、「わたしも同じ考えです。ノラねこに不妊去勢手術をしないで済むのなら、それに越したことはないのです」とのご意見でした。他の獣医師さんもこれと同じ考えでした。現在の数万にも及ぶ殺処分数の現状のなかでは、これ以上不幸なねこを増やさないためにも、地域猫活動による不妊去勢措置は、仕方がないというのが、わたしたちの共通認識でした。いつの日か、不妊去勢手術を行わなくとも、つまり町のなかで自由気ままに生きているノラねこの繁殖能力を奪わなくとも、人とねこが共存できる日を夢見て、みんなで乾杯した長崎の夜は、大変有意義なものとなりました。

ノラねこの生き方を尊重する方法を模索して

最近では、「ノラねこの生き方」を損なわない不妊去勢手術も開発されてきています。これまでの不妊去勢手術は、オスねこの場合は、睾丸を摘出し、メスねこの場合は卵巣を摘出するものでした。従って、オスもメスも性ホルモンが分泌されなくなるため、それぞれの性に特徴的な身体の発達や行動が失われてしまっていました。つまり、不妊去勢処置を行えば、オスはオスらしく、メスはメスらしくといった、ノラねこ本来の生き方ができなくなります。しかし、最近では、従来の不妊去勢方法とは異なる、オスらしさやメスらしさ、ひいてはノラねこらしさをそのまま残すことのできる、画期的な手術方法が開発されてきています。それは、オスの場合は睾丸を摘出するのではなく、睾丸でつくられた精子を精囊《せいのう》に送る管（精管）をカットする手術方法です。人間でいうところの「パイプカット」と同じ方法です。交尾をして射精することもできますが、精液のなかには精子が入っていないために、メスねこを妊娠させることができません。また、睾丸から性ホルモンが分泌されますので、外見上や行動は、措置を受けていないオスねこと変わりません。一方、メスねこについても、従来の卵巣を摘出するのではなく、子宮を摘出する方法も開発されています。卵巣が温存されていますので、性ホルモンも分泌されますし、排卵も起こります。ただし、交尾をして受精しても、子宮がないために受精卵が着床することはありません。

このような方法で、ノラねこに不妊去勢措置を行い、地域猫化を進めてゆく方法はTVHR(Trap-Vasectomy-Hysterectomy-Return)と呼ばれ、注目を集めています。島に棲むノラねこたちの繁殖行動を、長期にわたり研究してきたわたしにとって、真冬の発情期に見られるノラねこたちの行動は、一年のなかで最もドラマティックで、そして最も生き生きとした姿のように思えます。たとえ子孫が残せないにしても、TVHRによって、このようなネコらしい生き方ができるのであれば、ノラねこにとっても従来の方法よりも、ずっといいのではないでしょうか。もちろん、人間にとっては、オスの発情の声や、スプレーによる尿のニオイの問題は解決されません。しかし、それくらいは我慢してあげてもいいのではと、わたしは個人的には思います。

年間3万匹近く(令和元年度)ものねこが殺処分されるなか、ノラねこの生物種としての死を意味する不妊去勢措置は、現状では仕方がないのかもしれません。そんななかでも、ノラねことしての本来の生き方を、なるべく損なわないような、つまり人だけでなくノラねこもねこらしく暮らせるような共存社会を、わたししたちは現状に満足することなく模索してゆかなくてはならないでしょう。TVHRによる不妊去勢は、共存社会に向けてのひとつの大きなステップだと思います。

ねこも人も幸せに暮らせる社会とは

人とねこが共存する理想的な社会に向けて、ヒントになるかもしれない島をひとつ紹介しましょう。島という特殊な環境ですので、現在の都市部の繁華街や住宅地にそのままあてはめることはできないということを、あらかじめお断りしておきます。しかし、これから紹介してゆく島民のねこに対する考え方や接し方のなかに、ねこと人との共存社会に向けてのいくつかのヒントが見つかるのではないかと思います。

相島のノラねこたち

その理想的な島は、わたしが30年ほど前に、ノラねこの研究をしていた福岡県の相島です。当時は島民が約500人、ノラねこがおよそ200匹も棲んでいた漁業の島です(いまはどちらも減少しています)。ノラねこたちは、島民の人家が密集する路地や空き地、近くの海岸などで暮らしていました。人と隣り合わせで暮

相島のねこ

らしていながらも、そのノラねこたちのほとんどが、全く人慣れしていませんでした。トロ箱のなかで日向ぼっこをしながら、気持ちよさそうに昼寝をしているノラねこたちに触ろうとすれば、間違いなく威嚇されます。また、抱き上げようとすれば、引っ掻かれてしまうような、野性味がたっぷりのノラねこたちです（現在は、かなり人慣れして、エサをねだって寄って来たりもしてきますが）。このような、人に慣れていないノラねこたちが高密度で、島の人々と居住域を共有して暮らしているのは、最初はとても不思議な光景に見えました。しかし、島に家を借りて暮らしながら、何年間も調査をしているうちに、わたし自身もそれが

魚をくわえる相島のねこ

あたり前の光景のように、つまり人とねこの自然な共存のあり方のように思えてきました。

島のノラねこたちは、海岸に捨てられる（当時のことです）魚の内臓やアラなどの廃物をエサにしていました。また、漁師さんが漁から戻ってきて、台所で魚をさばき始めると、その台所の窓の下にノラねこたちが集まり始めます。そして、魚のアラはそのノラねこたちに与えられます。漁師さんも、置いておくとすぐに臭くなる生魚の廃物を、ノラねこたちがキレイに食べてくれるので、実は助かっていたのだと思います。島の人は、不要となった魚の廃物をノラねこたちに与えるだけで、わざわざお金を出してノラねこたちにキャットフードを買い与えることはありませんでした。人間には人間の生活があり、お金は人間の生活のために使うものだからです。この点が、相島と、過剰なエサやりが行われる市街地との大きな違いです。

島の人たちは、ノラねこたちのことをどう思って、どのように接しているのでしょうか? 島の狭い路地では、島の人とノラねこがお互い特に意識するでもなく、自然な形ですれ違います。島の人たちにとって、ノラねこたちは、いわば空気のような存在なのかもしれません。人間の住んでいるところに、ノラねこも一緒に住んでいるのがあたり前で、特に気に留めることもない、そういった接し方のようです。わたしたちが朝、家を出る時に、自宅の前の電線にスズメが止まって、チュンチュン鳴いていたとしても、別に気に留めることもなく、朝の風景のひとつのようにしか思っていない、そのような感覚に近いものなのだと思います。

相島の人たちに学ぶ、ねことの共存社会

島の人たちはノラねこに対して無関心のようでもありますが、一方ではとても寛容でもあります。ノラねこのなかには、留守の間に人家に忍び込んで、家のな

かの食べ物をあさる悪いねこもいます。島の人たちはその時は怒りはするものの、そのねこを見つけ出して、ひどい目にあわせるとか、虐待するようなことは、決してしません。また、発情期ともなりますと、深夜のオスねこ同士の激しい鳴き合いや、夜通しの発情声でよく眠れなかったりもするのですが、それでもノラねこを居住域や島から追い出そうなどという話にはなりません。島の海岸線を一周する道路の真んなかで、ノラねこがよく寝転がっていることがあります。車が近づいてきても逃げようとする気配など、まるでありません。車のほうが、よけて通ってくれるからです。

道でくつろぐ相島のねこたち

島の人たちが、ノラねこに対してこのように寛容なのは、わたしが思うに、人間もノラねこも同じ自然の一部で、同じ島に暮らす仲間のようにとらえているからではないでしょうか。ぐるりと海に囲まれ、自然を相手に生計を立てている島の人たちは、自然によって生かされているという感覚を、都市で暮らすわたしたちよりも強く持ちながら生活しているのだと思います。便利で快適な生活を追求して、自然から遠ざかった都市部に住む人たちは、自然との間合いやバランス感覚を失い、ノラねこや他の生き物、そして人に対してまでも、その存在に過剰に反応してしまっているのかもしれません。相島の人とノラねこのように、ごくごく自然な形で共存している様子は、これからの人とねことの共存社会を実現するヒントも含めた、たくさんの大切なことを教えてくれているように思います。

おわりに

ねこの研究を始めて、もう30年近くになります。ねこの研究はいわば、わたしのライフワークのようなものです。しかし、正直に告白しますと、実は研究を始める前までは、わたしは、ねこのことがあまり好きではありませんでした。いえ、むしろ子供の頃には、憎んでさえいたと思います。飼っていたセキセイインコが、ノラねこに襲われて食べられてしまったからです。そんなわたしも、成長するに従い、さすがに憎いという感情はなくなってきました。そして、ねこの研究を始めた頃には、研究のうえでの対象動物として、割り切ったような気持ちでねこと接していました。

しかし、相島のノラねこたちの、野生ネコにも近い生き様を目のあたりにするにつれて、わたしのねこへの見方は変わってきました。繁殖期ともなると、オスねこたちは、命を燃やすかのようにライバルとの死闘を繰り返し、一方メスねこは、骨と皮になるまで、身を削るように体から乳を絞り出して子ねこを育て上げます。その壮絶な生き方は、一日の大半を寝て過ごす普段のねこからはとても想像もできない、短い一生を必死で駆け抜ける、野生動物そのものの姿でした。そのようなノラねこの生き様を、相島で何年もの間追跡し、観察しているうちに、ねこに惹かれ、そしていつの間にか、心からリスペクトできるわたしの隣人となっていました。

わたしは本書を含めて、これまでに3冊のねこの本を書く機会に恵まれてきましたが、いずれの本でもわたしが一番伝えたかったことは、ねこたちの必死に生きる姿でした。そして、本書ではそれに加え、ねこのハンターとして極限まで進化したすごい身体能力と研ぎすまされた感覚器、そして、海外からも熱い視線を送られている、誇るべき日本のねこ文化についても詳しく述べています。ねこたちは、ともすると現在の社会のなかで、悪者や邪魔者のように扱われてしまい、最悪の場合は殺処分されています。現在のねこブームも、単なる表面的なもので終わらせてはいけません。本書がねこの素晴らしさの理解に役立ち、少しでも不幸なねこたちが減ることにつながれば幸いです。

本書は、たくさんの方々のご厚意とねこ愛の賜物です。本書のなかで紹介させていただいた方以外にも、多くの「ねこ関係者」の方々のお世話になりました。特に相島のみなさま、北九州市立自然史・歴史博物館のスタッフのみなさま、担当編集者である朝日新聞出版の大﨑俊明さん、そしてたくさんの方々にこの場を借りてお礼を申し上げます。最後に、ねこの生き様を教えてくれた相島のノラねこたちに、そしてつれない態度で、それとなく応援してくれた愛猫ニャーコさんに、心よりお礼を申し上げます。

平成二十八年一月

山根明弘

文庫版あとがき

『ねこはすごい』の新書版の初版が発行されたのは、2016年2月でした。その翌年の2017年には、中国語(繁体字)にも翻訳され(臉譜文化出版)、多くの方々に読んでいただきました。そして、初版から6年が経過した2022年2月に、「ねこはすごい」は、この文庫版として発行されました。

この6年の間に日本、そして世界ではさまざまな出来事がありました。日本では、元号が「平成」から「令和」へと変わり、熊本地震や全国各地での豪雨災害、東京オリンピック、消費税の10%への引き上げなど。世界では、米国のトランプ政権の誕生、イギリスのEU離脱。そしてなんと言っても、新型コロナウイルスの世界的な蔓延(パンデミック)が国内外の最も大きなニュースなのではないでしょうか。このウイルスによって、世界各国で多くの人の命が奪われ、経済活動をはじめとする様々な人間の営みが制限を余儀なくされました。私が担当している大学の講義も、そのほとんどがリモート授業となり、賑やかだったキャンパスから1年以上ものあいだ若者の姿が消えました。

本書で紹介している相島のノラねこたちにも、この6年の間に大きな変化がありました。第5章の最後の項目にも書いてあるように、相島のノラねこたちは、漁師さんの捨てた新鮮な魚のアラなどを食べながら、島の人たちとほどよい距離を保ちつつ、長いあいだ共に暮らしてきました。しかし、最近になって島外から多量に持ち込まれるキャットフードにノラねこたちが頼るようになり、ノラねこの数が増えてゆきました。そして2021年の春、相島のノラねこたちに対して一斉不妊去勢が行われました。

ノラねこの生き方や人間社会のなかでのあり方について、人によって多種多様な考え方があるなかで、このような措置が本当に正しかったのかどうか、正直なところ今の私にはわかりません。少なくとも、島のなかで長いあいだ続いてきた、人とねことの昔ながらの関係は大きく変化しました。個人的にはとても残念なのですが、これからも少し距離をおきながら、見守り続けたいと思います。

四半世紀にもおよぶ、島でのノラねこ研究が終わりを迎えたいま、私は全国を旅しながら、日本人とねこが共に歩んできた痕跡を探し求めています。古くからある全国各地のねこ神社や、ねこの石碑、そして第4章でも紹介している江戸時代から続く招き猫などのねこ文化のなかに、今後の両者のより良い関係につながるヒントが隠れているように思えるからです。多様な価値観を互いに認めあいながら、「人が、人らしく」生きようとしている社会のなかで、どうすれば「ねこが、ねこらしく」生きてゆけるのか、これが私にとっての永遠のテーマです。この答えは簡単には見つからないかもしれません。この答えが見つかった時にでもまたどこかで、みなさんにお話しする機会があれば幸いです。

窓辺につるした干し柿を眺める愛猫の傍にて。

2021年11月20日
山根明弘

pattern of a feral cat population on a small island』Journal of Mammalogical Society of Japan. 19: 9-20.(1994)

参考ウェブサイト

「子猫のへや」
http://www.konekono-heya.com/

「犬・猫の引取り及び負傷動物等の収容並びに処分の状況(環境省)」
https://www.env.go.jp/nature/dobutsu/aigo/2_data/statistics/dog-cat.html

「ペット信託® 行政書士かおる法務事務所」
http://www.fukuoka-animal-gyouseisyoshi.com

「猫本専門書店 書肆 吾輩堂」
http://wagahaido.com

taming of the cat in Cyprus』Science. 304: 259.(2004)

Wright, M. & Walters, S.『The Book of the Cat』Pan Books.(1980)

矢部万紗人『犬から元気 猫から幸せ』リヨン社(2005)

山根明弘『わたしのノラネコ研究』さ・え・ら書房(2007)

山根明弘『ねこの秘密』文藝春秋(2014)

山根明弘「意外なイクメンぶり——ノラネコ」『正解は一つじゃない　子育てする動物たち』長谷川眞理子(監修)273-286頁　東京大学出版会(2019)

Yamane, A.『Male reproductive tactics and reproductive success of the group-living feral cat (Felis catus)』Behavioural Processes. 43: 239-249.(1998)

Yamane, A., Doi, T. & Ono, Y.『Mating behaviors, courtship rank and mating success of male feral cat (Felis catus)』Journal of Ethology. 14: 35-44.(1996)

Yamane, A., Emoto, J. & Ota, N.『Factors affecting feeding order and social tolerance to kittens in the group-living feral cat (Felis catus)』Applied Animal Behavior Science. 52: 119-127.(1997)

Yamane, A., Ono, Y. & Doi, T.『Home range size and spacing

落合延孝『猫絵の殿様　領主のフォークロア』吉川弘文館(1996)

大石孝雄『ネコの動物学』東京大学出版会(2013)

大久保京『猫本屋はじめました』洋泉社(2014)

太田記念美術館『浮世絵猫絵百景――国芳一門ネコづくし――図録』(2012)

Passanisi, W. C. & Macdonald, D. W.『Group discrimination on the basis of urine in a farm cat colony. In: Chemical Signals in Vertebrates』5: 336-345. Oxford University Press.(1990)

ルース・エインズワース『黒ねこのおきゃくさま』福音館書店(1999)

Saito, A. & Shinozuka, K.『Vocal recognition of owners by domestic cats (Felis catus)』Animal Cognition. 16(4): 685-690. (2013)

Seidensticker, J. & Lumpkin, S.『Great Cats: Majestic Creatures of the Wild』Merehurst. (1991)

津田望『アニマルセラピーのすすめ――豊かなコミュニケーションと癒しを求めて――』明治図書出版(2001)

Turner, D. C. & Bateson, P.『The Domestic Cat: The Biology of its Behaviour (2nd edn.)』Cambridge University Press.(2000)

Vigine, J. D., Guilaine, J., Debue, K., Haye, L. & Gérard, P.『Early

Miyazaki, M., Yamashita, T., Suzuki, Y., Saito, Y., Soeta, S., Taira, H. & Suzuki, A.『A major urinary protein of the domestic cat regulates the production of felinine, a putative pheromone precursor』Chemistry & Biology. 13(10): 1071-1079.(2006)

長井裕子『ねこのおもちゃ絵　国芳一門の猫絵図鑑』小学館(2015)

長崎の町ねこ調査隊塾『ながさき町ねこハンドブック4』(2015)

Nagasawa, M., Kikusui T., Onaka, T. & Ohta, M.『Dog's gaze at its owner increases owner's urinary oxytocin during social interaction』Hormones and Behavior. 55: 434-441.(2009)

名古屋市博物館『いつだって猫展 図録』(2015)

那珂川町馬頭広重美術館『福を招く！猫じゃ猫じゃ展 図録』(2014)

Natoli, E. & De Vito, E.『Agonistic behaviour, dominance rank and copulatory success in a large multi-male feral cat, Felis catus L., colony in central Rome』Animal Behaviour. 42: 227-241.(1991)

日本動物病院福祉協会 編『動物は身近なお医者さん——アニマル・セラピー——』廣済堂出版(1996)

野澤謙『ネコの毛並み——毛色多型と分布——』裳華房(1996)

川添敏弘『アニマル・セラピー』駿河台出版社（2009）

Kitchener, A.『The Natural History of the Wild Cats』Christopher Helm.(1991)

黒澤泰『「地域猫」のすすめ――ノラ猫と上手につきあう方法――』文芸社(2005)

桑原久美子『新・子ネコの育て方百科』誠文堂新光社(2008)

Leyhausen, P.『Cat Behavior: The Predatory and Social Behavior of Domestic and Wild Cats』Garland STPM Press.(1979)

Liberg, O.『Predation and social behaviour in a population of domestic cat: an evolutionary perspective』Ph.D. thesis, University of Lund.(1981)

招き猫亭『招き猫亭コレクション 猫まみれ』求龍堂(2011)

宮本一夫 編『壱岐カラカミ遺跡Ⅰ――カラカミ遺跡東亜考古学会第２地点の発掘調査――』(2008)

Miyazaki, M., Kamiie, K., Soeta, S., Taira, H. & Yamashita, T.『Molecular cloning and characterization of a novel carboxylesterase-like protein that is physiologically present at high concentrations in the urine of domestic cats (Felis catus)』Biochemical Journal. 370: 101-110.(2003)

姫路市埋蔵文化財センター『姫路市見野古墳群発掘調査報告』(2009)

平岩米吉『猫の歴史と奇話』築地書館(1992)

壱岐田鶴子『ネコの「困った!」を解決する』SBクリエイティブ(2012)

壱岐田鶴子『ネコの気持ちがわかる89の秘訣』SBクリエイティブ(2015)

今泉忠明『野生ネコの百科』データハウス(1992)

今泉忠明『面白くてよくわかる!ネコの心理学』アスペクト(2014)

Ishida, Y., Yahara, T., Kasuya, E. & Yamane, A.『Female control of paternity during copulation: inbreeding avoidance in feral cats』Behaviour. 138: 235-250.(2001)

Ishida, Y. & Shimizu, M.『Influence of social rank on defecating behaviors in feral cats』Journal of Ethology. 16: 15-21.(1998)

岩合光昭『ねこ』クレヴィス(2010)

Izawa, M.『Ecology and social systems of the feral cats (Felis catus LINN.)』Ph. D. thesis, Kyushu University.(1984)

Izawa, M., Doi, T. & Ono, Y.『Grouping patterns of feral cats (Felis catus) living on a small island in Japan』Japanese Journal of Ecology. 32: 373-382.(1982)

Friedmann, E. & Thomas, S. A.『Pet ownership, social support, and one-year survival after acute myocardial infarction in the cardiac arrhythmia suppression trial (CAST). In: Companion Animals in Human Health』187-201. Sage Publications Inc.(1998)

藤田一咲・村上瑪論『幸せの招き猫』河出書房新社(1995)

藤原重雄『日本史リブレット79　史料としての猫絵』山川出版社(2014)

福岡伸一『生物と無生物のあいだ』講談社現代新書(2007)

Handlin, L., Hydbring-Sandberg, E., Nilsson, A., Ejdebäck, M., Jansson, A. & Uvnäs-Moberg, K.『Short-term interaction between dogs and their owners: effects on oxytocin, cortisol, insulin and heart rate – an exploratory study』Anthrozoös. 24 (3): 301-315.(2011)

服部薫『知って安心‼可愛いペットと暮らすための知識』梓書院(2014)

林良博『イラストでみる猫学』講談社(2003)

Headey, B. & Grabka, M. M.『Pets and human health in Germany and Australia: national longitudinal results』Social Indicators Research. 80: 297-311.(2007)

ヘロドトス『歴史』(上、中、下)岩波書店(1971、1972)

参考／引用文献（アルファベット順）

Alderton, D.『Wild Cats of the World』Blandford.(1993)

Allen, K, Blascovich, J. & Mendes, W. B.『Cardiovascular reactivity and the presence of pets, friends, and spouses: the truth about cats and dogs』Psychosomatic Medicine. 64: 727-739. (2002)

Beetz, A., Uvnäs-Moberg, K., Julius, H. & Kotrschal, K.『Psychosocial and psychophysiological effects of human-animal interactions: the possible role of oxytocin』Frontiers in Psychology. 3: 1-15.(2012)

Bradshaw, J. W. S., Casey, R. A. & Brown, S. L.『The Behaviour of the Domestic Cat (2nd edn.)』CABI.(2012)

Clutton-Brock, J.『The British Museum Book of Cats: Ancient and Modern』British Museum Press.(1988)

Crowley-Robinson, P., Fenwick, D. C. & Blackshaw, J. K.『A long-term study of elderly people in nursing homes with visiting and resident dogs』Applied Animal Behaviour Science. 47(1-2): 137-148.(1996)

ドリスコル, C.A., クラットン=ブロック, J., キチナー, A. C., オブライエン, S. J.「1万年前に来た猫」『日経サイエンス9月号』(2009)

フォックス, マイケル・W.『ネコのこころがわかる本』朝日新聞社(1991)

ねこはすごい
朝日文庫

2022年2月28日　第1刷発行

著　者　山《やま》根《ね》明《あき》弘《ひろ》

発行者　三宮博信
発行所　朝日新聞出版
〒104-8011　東京都中央区築地5-3-2
電話　03-5541-8832（編集）
03-5540-7793（販売）
印刷製本　大日本印刷株式会社

Published in Japan by Asahi Shimbun Publications Inc.
定価はカバーに表示してあります

ISBN978-4-02-262060-6
落丁・乱丁の場合は弊社業務部（電話 03-5540-7800）へご連絡ください。
送料弊社負担にてお取り替えいたします。